VOCACIÓN AL SERVICIO PÚBLICO

VOCACIÓN AL SERVICIO PÚBLICO

MI MAYOR SATISFACCIÓN FUE SERVIRLE A MI PUEBLO

Alfonso López Chaar
"Papiño"

Número de Control de la Biblioteca del Congreso de EE. UU.:   2020911539
ISBN: Tapa Dura   978-1-5065-3316-2
             Tapa Blanda   978-1-5065-3315-5
             Libro Electrónico   978-1-5065-3314-8

Información de la imprenta disponible en la última página.

Fecha de revisión: 22/07/2020

Para realizar pedidos de este libro, contacte con:
Palibrio
1663 Liberty Drive
Suite 200
Bloomington, IN 47403
Gratis desde EE. UU. al 877.407.5847
Gratis desde México al 01.800.288.2243
Gratis desde España al 900.866.949
Desde otro país al +1.812.671.9757
Fax: 01.812.355.1576
ventas@palibrio.com
815574

ÍNDICE

Dedicatoria

A mi equipo de trabajo quienes formaron mi ejército de colaboradores para servirle a nuestro pueblo, a mi gente humilde de Dorado, y a Erica mi esposa.

Prólogo

La idea de escribir mis memorias como servidor público es una a la que había hecho nido en mi cabeza por décadas. Trazaba oraciones en papel cada vez que tenía la oportunidad, confiando que pronto los revisitaría para ampliarlos y elaborar un borrador. Con esa idea, coleccionaba artículos que circulaban en los medios, archivaba mis discursos, cartas que recibía del pueblo, fotografías y vídeos.

Guardaba con mucho celo los centenares de placas y reconocimientos que durante mis años de servicio recibí. En fin, conservaba todo lo que entendía debía considerar para el libro y que me ayudaría a recordar los momentos vividos y, más importante aún a rememorar las emociones que cada uno provocó.

Pero como sabemos, el factor *pronto* es relativo. Por tiempos, el entusiasmo en mi objetivo de recopilar material para el libro me sobraba. Otras veces, como que carecía de fuerzas. Las cajas ya no aumentaban en número. Por el contrario, disminuían debido a algunas inundaciones que afectaron el área donde estaban almacenadas. Y así, entre cajas y cajas y menos cajas, pasaban los años y con ellos mi deseo de plasmar en blanco y negro mis vivencias en el servicio público.

Cuando ya pensaba haberlo descartado, recibía alguna esporádica llamada telefónica de alguien que me sugería escribir un libro, lo cual oxigenaba mis deseos de hacerlo como que los resucitaba. Sin embargo, mis razones para no poner el plan en acción eran más tercas.

Éste era uno de esos proyectos que con ahínco quise hacer desde mis años como alcalde, pero contradictoriamente lo había estado posponiendo de forma indefinida. Primero, por estar muy ocupado. Luego, "cuando me retire", me justificaba. "Algún día será" recuerdo que me repetía. En el 1997, a mis 58 años, llegó el esperado retiro y con él, los deseos de no hacer otra cosa sino disfrutar de un descanso que, según yo, merecía. Para entonces, ya ni siquiera necesitaba excusar mi inacción.

El problema no era falta de material. Al contrario; si algo me daba dificultad era pensar que tendría que revisar décadas de información acumulada. Rememorar la cantidad masiva de experiencias vividas a lo largo de mis años en el servicio público era un reto; y un mayor desafió hacerlo a través del lente de escritor. Pero si no empezaba a hacerlo de una vez y por todas, razoné, entonces nunca lo podría terminar.

El proceso de darle pa'lante al proyecto de publicar este libro era uno intimidante al que le tenía ciertas reservas. Tal vez porque traería a la superficie no sólo las experiencias buenas y gratificantes, sino también las memorias lastimosas y los sinsabores que para bien o para mal también formaron parte de mi trayectoria. Ahora, ya de este lado, puedo decir sin lugar a duda, que era ésta la razón principal por la que tanto lo aplacé.

No fue sino hasta mediados del año 2012 mientras redactaba una columna sobre el servicio público para enviarla al periódico *El Nuevo Día*, que me fui al remanente de las cajas que contenían el material para el ya anciano proyecto de mi libro. Durante días, desempolvé, clasifiqué, releí documentos, y revisité en mi mente lugares y momentos.

Encontré que muchas fotografías de mis padres estaban en esas cajas y junto a ellas, para mi sorpresa, una libreta muy ajada cuyas páginas escritas a lápiz, ya mustias y débiles por la humedad, habían perdido la habilidad para retener el carbón que las marcaba.

En esas hojas amarillentas que una vez habían sido blancas, reconocí mi propia escritura, aunque no me vino el recuerdo de cuándo había plasmado esas notas. Así que fue como si escudriñara letras que había escrito otro. Leí detenidamente mis apuntes sobre lo que significaba para mí el ejemplo de servicio público que de papi recibí. Y los volví a leer una y otra vez. Recordé, me emocioné, reí; lloré.

Hasta entonces fue que vine a comprender que mis excusas no eran válidas y que me correspondía escribir mi libro con prontitud [*énfasis sarcástico en lo relativo de ese término*]. Entendí que por respeto a ese servicio público que me fue inculcado, no por imposición sino con ejemplo, era mi deber y responsabilidad poner a la disposición de otros lo que fue mi experiencia como funcionario público.

De este modo, sea desde aquí o desde otro lugar, mi voz quedará captada en el ámbito de lo infinito para testificar sobre el privilegio honroso que tuve de cada día poder levantarme a trabajar para y por un pueblo, su bienestar y su progreso.

Así comencé este asunto. En el fondo, todavía con un poco de reservas, a paso lento pero decidido, avanzaba. Temprano en el proceso una cosa se me hizo más que evidente: La estrecha relación que siempre tuve con mis padres, y la grande influencia que ejercieron sobre mi formación y mi vida en general.

Ciertamente, Dios me bendijo con unos padres ejemplares. Pensar en ellos afirmó mi motivación para seguir escribiendo. Sé que ambos estarían muy complacidos y orgullosos de ver en estas páginas la historia del fruto de sus esfuerzos.

Mi entrada al mundo laboral como maestro de escuela pública en el 1959, me dio ya como adulto un sentido adicional de identificación con mi papá. ¡Wow, yo practicaba su misma profesión! Luego, casualmente, trabajé en el capitolio como oficinista para el presidente de la Cámara de Representantes, don Ernesto Ramos Antonini, lo que me ligó con la experiencia de trabajo de mi mamá. Sin proponérmelo, desde mis primeras experiencias de trabajo honraba a mis padres siguiendo sus pasos profesionales. Esto me hace recordar un refrán conocido que dice que la fruta nunca cae lejos del árbol.

Durante los años que dediqué al servicio público las posiciones que ocupé tanto electivas como por nombramiento completaron un total de aproximadamente 25 años:

- Maestro del sistema de educación pública (1959-61)
- Oficinista en la Cámara de Representantes (1961-63)
- Alcalde de Dorado (1973-1987)
- Asesor del Gobernador en Asuntos Municipales (1987)
- Secretario de Estado / Gobernador Interino (1988)
- Representante por Acumulación (1990-1996)

Muchos años ya han pasado. ¡Hasta recibimos un nuevo milenio! El porvenir por el cual tan arduamente laboramos ya se convirtió en pasado. Pero no es un pasado que olvidamos. Nos dejó posibilidades, experiencias, un fundamento sólido y, aunque a veces fue intimidante, también nos enseñó a ser optimistas, visionarios y nos provocó a soñar haciendo. Fue esta la fuerza que nos movió a unirnos y colectivamente abrirnos los surcos que nos trajeron al presente. Pasado tenaz; hasta cierto punto vigente, que transporta en silencio el legado que sustentará el peso del inaplazable futuro.

Dado que para escribir este libro dependí mayormente de mí memoria ya un tanto gastada y de los retazos del material impreso que todavía guardo, concedo que pudiese haber algunos errores involuntarios en fechas, nombres y otros detalles. En este proceso, doy fe de que he puesto todo mi empeño y cuidado. Hasta donde ha sido posible, he consultado con colegas y amigos de la época para clarificar mis recuerdos; todo con el objetivo de mantener la precisión tanto en los datos como en La cronología.

Así que, con esa aclaración, y pidiendo que consideren que no pretendo ser escritor, sino más bien uno que comparte su historia entre amigos, es para mí un placer invitarles a revivir conmigo mi **Vocación al Servicio Público.**

Introducción

La Plaza Pública.
La Iglesia Católica.
La Escuela Jacinto.
El Estudio de Arte de Míster Alegría.
El Carrancho.
La Cancha Bajo Techo.
La Iglesia Luterana.
La Vencedora.

Ocho diferentes lugares con aun mayor diferente propósito. Eran estos algunos de los locales vecinos a la oficina que ocupé en el tiempo que me confiaron formar el destino que todos soñábamos para nuestro amado pueblo de Dorado. Esa era la vista confortable que desde el umbral de la Casa Alcaldía yo contemplaba a diario antes que asomara el sol.

Cada mañana, entre sombras grises claras y obscuras, el alba se abría paso y mostrando sus incandescentes pinceladas color naranja, despuntaba. Era esa la escena habitual del comienzo de mi día de trabajo.

Ya cuando faltaban treinta minutos para las ocho de la mañana, el tráfico de peatones era abundante. Niños y niñas vestidos de uniforme escolar, acompañados de adultos, mantenían a Mambé en vilo en la esquina de la Méndez Vigo con la calle San Quintín. ¡Yo me gozaba relevándolo en su misión de cruzar los pequeñitos al otro lado de la calle! Nuestro querido Jesús Rivera Kuilan, a quien cariñosamente llamábamos Mambé, era parte esencial de la dinámica diaria de nuestro ayuntamiento y muy estimado por todos.

En su trayecto hacia la escuela Jacinto López Martínez, mismo recinto elemental donde yo cursé mis primeros grados, los estudiantes cariñosamente me saludaban en su peculiar infantil manera. De paso, algunas de las mamás me traían deliciosos antojitos que me enviaban las abuelas de los estudiantes. Ellas mismas los preparaban con las habilidades culinarias que fueron reservadas solo para las abuelas. ¡Qué ricura! La verdad que esas abuelas eran competencia seria para cualquier chef famoso.

"Hola Papiño", "Papiño", me gritaban los pequeños con sus voces agudas, algunos extrovertidos me pedían la bendición y se me acercaban para estrechar mi mano; otros menos expresivos, luego de haberme llamado por mi apodo, con timidez se ocultaban detrás de sus familiares. ¡No sabían ellos que me hacían la mañana! Sus sonrisas, preguntas y comentarios inocentes eran la mejor parte de mi rutina matinal.

Era durante las mañanas que cada semana yo tenía la oportunidad de tener ese contacto espontáneo con el calor de la gente. Si, eran importantes las reuniones oficiales que tenía pautadas en agenda, pero nada sustituía la interacción casual que se daba con el pueblo. Muchas veces en la quietud del amanecer, caminando hacia la panadería antes que saliera el sol, encontraba a los que ya a esa hora laboraban.

Algunas personas barriendo las aceras, otras preparando sus negocios para el día; otros, los madrugadores aficionados a los asuntos públicos, políticos, deportes e hipismo llegaban con el amanecer a la plaza pública donde comentaban y debatían las noticias de los periódicos. Gente común, quienes no vacilaban a la hora de expresar sus opiniones a los demás, incluyendo a su alcalde.

Fue durante una de esas rutinarias mañanas, cuando se me acercó un caballero quien no me era conocido, cojeando de su pierna izquierda y apoyándose en un bastón, me dijo: "alcalde, usted a mí no me conoce" se presentó. (Desafortunadamente, no acuerdo de su nombre). "He vivido muchos años en Hartford, Connecticut, pero soy doradeño. Quiero que sepa" continuó diciendo mientras estrechaba mi mano, "que todavía a los años que tengo puedo caminar" dijo señalando su pierna izquierda, "y eso ha sido posible gracias a que su papá me salvó esta pierna. Sí, fue Mr. López".

Luego de una breve pausa prosiguió con su relato. "Su papá siempre ayudaba a los demás en cualquiera fuera la necesidad. Yo no he conocido una persona tan desprendida y servicial como Mr. López. Lo recuerdo como un hombre desprendido, justo, honorable. El que yo pueda estar parado sobre mis dos pies y que pueda caminar ayudándome de este bastón se lo debo a su papá. Yo tenía una infección terrible en esta pierna y gracias a las inyecciones de penicilina que él me puso no me cortaron la pierna". Me dio un fuerte abrazo y nos despedimos.

Mientras caminada hacia la alcaldía, la conversación revoloteaba en mi cabeza y no entendía por qué. Siempre vi a papi ayudando a los demás, pero lo que acababa de escuchar esa mañana me tocó profundamente. Yo crecí observando a papi en esas misiones. Eso era normal. Así era papi. Dando de su tiempo y poniendo su conocimiento al servicio de los demás.

Al entrar en mi oficina, cerré la puerta y sentado en una de las mecedoras de madera y paja, me quedé contemplando las paredes llenas de fotografías, placas, reconocimientos y certificados que a través de los años había recibido. Procurando traer desde mi memoria lejana todas las emociones vividas en cada uno de esos momentos que colgaban en la pared; con nostalgia, recordé.

Mi Familia

¡Maravilloso fenómeno el de la genética! Ella valida la veracidad de la biología revelando la esencia de cada individuo a través de la herencia transmitida de generación a generación. Sin embargo, a pesar de su precisión, no puede describirme de forma tan exacta como lo puedo hacer yo: Nacido en Vega Baja, doradeño de corazón, de descendencia árabe y europea, puertorriqueño de pura cepa. Sí, ese soy yo, Alfonso López Chaar, mejor conocido como Papiño.

Por supuesto, fueron mis padres los forjadores de tal mezcolanza. Papi, Alfonso López García, el menor de siete hijos (4 varones y 3 mujeres) procreados por Francisco López Salgado y Aurelia García Guardiola; mis abuelos. Nació en Dorado, de progenitores doradeños y ancestros europeos. Con mucho sacrificio papi fue a estudiar a la Universidad de Puerto Rico, donde se preparó como maestro y comenzó a enseñar nivel elemental en el barrio Higuillar.

En su trayecto diario a caballo del pueblo al campo para llegar a su trabajo, iba contestando los cordiales saludos que recibía porque Papi era querido por todos. Más adelante, también dio clases en el pueblo, Mameyal y en Maguayo.

Mami, Matilde Chaar Tridas, nació en Arecibo, de padres libaneses y ancestros árabes. La segunda de siete hijos (4 varones y 3 mujeres) nacidos a Miguel Chaar Farah y María Tridas El-Khoury, ambos oriundos de Beirut, El Líbano. Fue mi abuelo Miguel, esquivando conflictos bélicos en su región de origen y buscando una mejor vida para su familia, quien emigró a Puerto Rico sólo y posteriormente trajo a su familia.

En la ciudad costera conocida como La Villa del Capitán Correa, mami pasó la mayor parte de su juventud aficionada a la fotografía y al baile. Eventualmente, su familia se mudó a Vega Baja. Mis abuelos eran emprendedores, comerciantes, vanguardistas. Primero, establecieron negocio de bebida y comida al cruzar de la plaza de Vega Baja. Más adelante, abuelo Miguel, hombre con una aguda visión estratégica empresarial, instituyó un colegio de mecanografía, taquigrafía y contabilidad, y abrió una joyería. Junto a su hermano, también era dueño de una tienda de golosinas, refrescos y artículos escolares.

Fue en Vega Baja que papi y mami se conocieron. Contrajeron nupcias el 24 de noviembre de 1935 y se establecieron en Dorado en la calle Sur número 12 de La Marina, en el casco del pueblo. A pesar de que ambos provenían de familias numerosas se limitaron a dos hijos: mi hermano Paquito y yo.

Durante los primeros años de matrimonio, mami trabajó como secretaria en El Capitolio en la oficina del senador Bolívar Pagán, quien unos años después ocupó la posición de Comisionado Residente en Washington. También trabajó en la Comisión Estatal de Elecciones.

Mis padres el día de su boda el 24 de noviembre de 1935.

Una vez se convirtió en madre, decidió hacer de sus hijos y su hogar la prioridad. Eso no significó dejar de trabajar y contribuir al sostenimiento de la familia. Mami era una empresaria innata que estaba adelantada a sus tiempos. Comenzó a operar un polifacético negocio desde la casa. Ella vendía pollos vivos y también joyería. Papi, reconociendo las virtudes empresariales de mami, la dejaba a ella manejar el presupuesto de la familia. La excelente administradora con que contábamos siempre separaba el dinero para que pudiéramos vacacionar, dentro y fuera de la isla.

Mami era una católica devota; miembro de Las Cofradas. Rezaba el rosario todos los días. A casa traían la virgen una vez el mes y los vecinos se reunían a rezar. Era una mujer honesta y estricta que poseía el don de impartir disciplina y ternura a la vez. Una mujer para quien los valores morales tenían mucha importancia. Nos disciplinaba en todo y velaba por nuestro bienestar.

Cuando se trataba de la limpieza, ella era como una militar. A diario barría las aceras cercanas a la casa. Los viernes cuando yo llegaba de la escuela ella me tenía listo un cepillo, una toalla y un balde con agua y detergente para lavar el piso de la casa. A mi hermano le tocaban las ventanas. Al terminar de usar la bañera cada uno era responsable de secarla, fuera o no a usarse enseguida. Teníamos que hacer la cama todos los días y no salíamos para la escuela hasta que mami nos revisaba y se aseguraba que las orejas y nariz pasaban su inspección.

Mami nos cuidaba con fervor en todos los aspectos. Siempre estaba muy pendiente de nuestra higiene y que estuviéramos presentables y limpios. Diligentemente, se aseguraba que íbamos peinados, planchados y bien puestos.

Ella amaba las plantas y disfrutaba mucho de su jardín. Su flor favorita era el Geranio, de la cual cosechaba una variedad. Cuando se acercaba la navidad siempre pintaba los tiestos y el balcón. Recuerdo una vez que se cayó de la escalera y la pintura se le viró en la cabeza. Nos demoramos días removiéndosela del cabello. Fue una esposa y madre muy dedicada y amorosa.

Durante los veranos pasábamos mucho tiempo en una casita que teníamos en el barrio Mameyal. Papi era dueño de una yola que se llamaba Santa Marta y salíamos los tres a pescar a la boca del río. A mami no le gustaba que fuéramos porque decía que era peligroso. Cuando papi comenzó a tener problemas de salud, vendieron la casita, pero no la yola.

Mi hermano Paquito y yo, siendo contemporáneos crecimos muy unidos. De niños, compartíamos los juguetes y la ropa. Crecimos muy cercanos; sin embargo, era fácil diferenciar la personalidad de uno y el otro. Él, muy independiente, aunque apegado a mami. En contraste, yo era mucho más hogareño, pero muy identificado con papi. Una vez graduado de escuela superior, Paquito se fue a Mayagüez a estudiar ingeniería.

Pasado un año, decidió dejar los estudios y mis padres lo enviaron a la academia *Gordon Military* Academy en Georgia, donde estudiaron nuestros primos. Allí completó un grado en Administración Comercial. De regreso en Puerto Rico comenzó a laborar en el Banco Chase Manhattan en Santurce.

Mi hermano Paquito (al extremo derecho) en uniforme
del Gordon Military College en Georgia.

Tengo recuerdos muy gratos de mi infancia. Visitábamos la casa de mis abuelos maternos en Vega Baja todos los jueves, lo que nos expuso a mí y a mi hermano a la dinámica cotidiana de la cultura libanesa. Aprendimos de niños a saborear sus platos suculentos, sus modos y a vivir y apreciar esa parte de nuestra herencia. Con la familia de papi, también interactuábamos de forma seguida. Gente que se sacrificaba los unos por los otros.

Dos de mis tías, Cambucha y Brígida, esta última quien fue la primera Postmaster de Dorado, nunca se casaron. Se dieron por entero a trabajar y suplir para que sus hermanos pudieran estudiar. Uno fue abogado, otro juez y los otros comerciantes y maestros.

En casa éramos muy unidos. Cenábamos juntos y pasábamos mucho tiempo compartiendo. Si iban a salir y por alguna razón no nos podían llevar con ellos, nos dejaban al cuidado de una vecina de su confianza llamada Susana, hermana de Áureo Méndez. Fue ella quien me apodó Papiño. Papi y Mami siempre recibían mucha gente. La casa se pasaba llena. Era como un centro social donde acudían en busca de orientación o ayuda.

Por decirlo así, papi era un coloso llenando formularios de seguro social y de préstamos a padres con hijos en el servicio militar, redactando cartas y asesorando sobre una diversidad de asuntos. Hasta a ponerse inyecciones acudía la gente a mi casa, confiado en la habilidad de papi, quien aprendió a ponerlas practicando con mi hermano y conmigo. Muchos llegaban a casa en necesidad, y a nadie la familia López Chaar le cerró las puertas de su hogar; nunca.

Más importante que la inteligencia y habilidades que papi poseía, era el gran corazón que tenía para con el prójimo y su compromiso genuino con ayudar a los demás. Él era maestro de vocación y ejercía 24 horas al día. Entendía que los estudiantes eran su responsabilidad tanto dentro como fuera del plantel escolar, por lo cual estaba dispuesto a ayudarlos tanto a ellos como a sus familias en todo cuanto podía. Esto le ganó el que fuera tan querido y apreciado por la gente.

Papi siempre estuvo muy activo en la comunidad. Fue presidente de la Cruz Roja Americana, capítulo de Dorado y socio fundador del Club de Leones, y más tarde su presidente. Bajo su égida, el club fue efectivo en tenderle la mano a muchos doradeños. Yo fui su compañero en sus gestiones como presidente del Club y años después también llegué a ser su presidente.

Él era muy amigo del doctor Arrillaga Torrens, quién además de ser el médico de la familia, fue representante en el capitolio. El doctor Arrillaga nos visitaba con frecuencia, pues le quedaba conveniente cuando viajaba de Manatí hacia el área metropolitana. Así que el tema de la política y asuntos del país también eran discutidos en la sala de nuestra casa. Fue el doctor Arrillaga quien le dio el voto en la Cámara al proyecto del gobernador Don Luis Muñoz Marín para pasar la legislación de justicia social en el 1940.

En el 1944, el Partido Popular ganó por primera vez las elecciones en el pueblo de Dorado, eligiendo como alcalde a don Eladio Rodríguez. Para ese entonces, papi ejercía como maestro en la escuela Jacinto López Martínez, y fue reclutado por el nuevo alcalde como auditor del municipio. Meses después, don Eladio renunció a su posición de alcalde y lo sustituyó don Luis Rivera Santana. Papi siguió trabajando con don Luis hasta que éste perdió la primaria contra Nolo Morales, quien juramentó como nuevo alcalde en el 1953.

Durante ese período, mami se activó dentro de las damas populares y llegó a ser secretaria del Comité Municipal del PPD. Mientras tanto, yo, sin proponérmelo, iba enterándome del quehacer político de Dorado y conociendo el pensamiento de mi pueblo. En adición, iba exponiéndome a lo bueno y lo malo que la política acarrea.

Papi nunca ocupó una posición pública electiva, pero se podría decir que muchos lo consideraban como un político. Su cercanía con la gente y la manera en que era querido, respetado y admirado por el pueblo era motivo de preocupación para muchos, en particular para un grupo dentro de su propio Partido Popular Democrático (PPD). Lo veían como una amenaza.

Cuando el alcalde popular para ese tiempo, Don Luis Rivera Santana, fue derrotado en primarias por Don Manuel Morales a papi lo trataron como a un enemigo. En lo que vino a ser la primera experiencia amarga que me tocó vivir dentro de la política por líderes de nuestro partido, papi fue arbitrariamente perseguido.

El nuevo liderato del PPD se propuso sabotearlo y se encargaron de que no pudiera conseguir trabajo en el gobierno, esto a pesar de sus extraordinarias cualificaciones y de haber pasado todos los exámenes de personal requeridos. Yo no podía comprender aquella situación y cuando llegué a entenderla años después, nunca pude justificarla. ¡Fue muy doloroso e injusto!

Entonces, papi comenzó a trabajar en las Mueblerías Tartak como oficial receptor-pagador. Los sábados yo hacía a veces de su chofer para llevarlo a cobrar las cuentas morosas. De lo que cobraba, él recibía una comisión. Pero su salud comenzó a quebrantarse y esto le impedía seguir trabajando en San Juan.

Después de esto, regresó un tanto abatido y cansado a lo que era su pasión, el magisterio. Sus colegas compañeros en la escuela Segunda Unidad de Maguayo lo ayudaron mucho en el proceso de reintegración después de tantos años fuera del salón de clase: María Isabel Salgado (Coco López) quien era la principal, Carmen Barbosa, Mr. Olivo y otros fieles amigos. De esa escuela salió para su retiro con 30 años cumplidos de servicio público.

Papi derivaba placer en servir a los demás y por eso ayudaba sin cesar a la gente. Yo era su fanático número uno y estoy muy orgulloso que fuera mi papá. Aprendí mucho de él y de su forma de ser y me considero muy afortunado de que fuera un hombre de arraigados valores morales, servicial, hijo ejemplar, hermano, tío, esposo, papá y amigo. ¡Qué privilegio ser admirador de mi primogenitor! Lo extraño mucho.

Una vez que me gradué de la escuela superior José Nevárez Landrón en Toa Baja (no existía escuela superior en Dorado), hice planes para enlistarme en la Guardia Nacional. El mismo día que me tocaba juramentar, misteriosamente desaparecieron los documentos que tenía que presentar, así que no pude ir. Tengo la sospecha de que papi tuvo algo que ver, pero nunca lo pude confirmar.

Más adelante, me obligaron a ir a la Universidad de Puerto Rico. Y como obligado casi nunca las cosas funcionan, no pasó mucho tiempo cuando me expulsaron por aprovechamiento deficiente.

Tuve la suerte de contar como mentoras a dos de las maestras más respetadas en Dorado, las señoras Margot Rossi y Clara Luna. ¡Su oportuna intervención era justo lo que necesitaba! Me aconsejaron y con su sabia dirección me ayudaron a encaminarme. No descansaron hasta que logré conseguir trabajo como maestro de educación física en la escuela del pueblo, la Jacinto López Martínez, en Espinosa y en Maguayo, devengando ciento treinta dólares al mes. Luego solicité readmisión en la Universidad de Puerto Rico. Así que daba clases en Dorado y estudiaba pedagogía los sábados y los veranos en la UPR.

Durante ese tiempo, el gobierno aprobó aumento de salario para los maestros, así que muchos de los académicos con experiencia que se habían ido a otros trabajos buscando mejor paga, decidieron regresar a enseñar. Yo quedé fuera; desempleado.

A través de una tía, conseguí una cita con el presidente de la Cámara de Representantes, el licenciado Ernesto Ramos Antonini, quien luego de entrevistarme me dijo que podía trabajar con él, pero con la condición de que continuara mis estudios. Acepté y me asignaron al área de prensa. Estaba a cargo de monitorear prensa, mantener archivo de noticias y fichero para facilitar conseguirlas cuando se estaban realizando investigaciones para proyectos o discursos.

Cumpliendo con la condición que me impuso Don Ernesto, seguía estudiando los sábados y los veranos mientras trabajaba en su oficina. Aquí tengo que mencionar que el haber conocido a Don Ernesto fue de los eventos más importantes y trascendentales que afirmó mi vocación. Un hombre brillante, noble, de buenos sentimientos y genuinamente preocupado por Puerto Rico, en especial por la juventud.

Don Ernesto me impresionó e influyó de forma muy positiva, contribuyendo, sin yo saberlo, a continuar definiendo mi pensamiento político y de servicio público. Siempre le recuerdo con mucho respeto y admiración.

Al cabo de dos años trabajando en el Capitolio, un poco cansado del viaje diario ida y vuelta de Dorado hasta San Juan, volví a darle espacio a mi espíritu inquieto. Conseguí empleo en el Dorado Beach como cajero en las tiendas, restaurantes, barras y campo de golf. También ayudada en la recepción del hotel, pero prefería no estar tan expuesto a los huéspedes por temor a que me hablaran en inglés. Trabajé en la hospedería por un período de sobre dos años.

A mis 24 años recibí orden obligatoria para entrar en el servicio militar. Me encontraba en esos preparativos cuando una desventura de proporciones mayores alteró los planes.

La Tragedia Nos Tocó

Yo nunca hubiera podido imaginar que la consternación provocada por el asesinato del presidente Kennedy pasaría de súbito a un segundo plano. Como el resto del mundo, yo estaba tratando de hacer sentido de tal suceso y su impacto, cuando a sólo 48 horas de haber sucedido, la muerte del presidente de Estados Unidos dejó de ser noticia al menos para mí y mi familia.

El domingo, 24 de noviembre de 1963, sin aviso, la tragedia se auto invitó a mi casa y se acomodó en la sala. Mi querido y único hermano Paquito, en ruta a ver a su novia en Vega Baja, fue atropellado por un conductor que lo dejó tirado en la carretera y se dio a la fuga.

Mi amado hermano Paquito murió en plena juventud. Ese fue un golpe devastador, que, para magnificarse ocurrió justo el día en que mis padres cumplían 28 años de casados, no sólo se llevó la vida de Paquito, sino que aniquiló el júbilo en mi familia. Sin darnos cuenta, la tristeza hizo guarida en casa para una muy larga estadía. Mami nunca pudo reponerse de la pérdida de su hijo menor. El ambiente en casa se tornó sombrío, denso, triste. Mami optó por dejar la habitación de Paquito intacta con todas sus cosas. Era como si estuviéramos esperando que cualquier día él regresara.

En el proceso, la congoja de mami, llorando sin consuelo nos desgarraba el alma. Y mi papá poniendo a un lado su quebranto, con dedicación y entrega cuidó de ella. Cuando iba para su trabajo, se la llevaba a la casa de la mamá del doctor Fernando Ruiz que quedaba cerca de la escuela de Mameyal donde él enseñaba. Allí la atendían y acompañaban hasta que papi la recogía en la tarde. Y cuando trabajaba en Maguayo, lo mismo. Allá, mami se quedaba en la casa de doña Gere frente a la escuela.

Del caso legal que se llevó contra el conductor del vehículo que atropelló a Paquito, ni hablar. ¡Qué proceso! Me enseñó que las víctimas, para pelear por la oportunidad de recibir justicia tienen que estar dispuestas a ser victimizadas otra vez durante el transcurso de juicio. Y lo más duro es que sin ninguna garantía. ¡Terrible experiencia!

A la larga, un dolor tan profundo como ese no puede sino ayudar a uno a ser más humano; a identificarse con otros; a tener simpatía por el prójimo y a no ser indiferente ante su aflicción. Dicen por ahí que lo que no te mata te hace más fuerte. Yo no sé. Lo que sí sé es que ese tipo de experiencia trastoca la fibra de uno. Sacude los sentimientos y bruscamente hamaquea las emociones en su esencia. Son golpes con poder de cambio. ¿Lo ideal? Que los cambios sean para bien.

Incursión en la Política

Luego de la muerte de Paquito, la vida, como es viva, continuó su curso. La familia de cuatro, forzados a reducirnos a tres, proseguimos hacia adelante lo mejor que pudimos en aquellas dolorosas circunstancias. Recuerdo cómo a mis veintitantos años no dejaba de sorprenderme la capacidad del ser humano de sobreponerse a la tragedia, al menos en forma funcional.

Me resultaba injusto que aun con aquella tan pesada pena tuviéramos que seguir caminando. Me desconcertaba lo contradictorio del pasar del tiempo. Por un lado, envejece, deteriora, termina, mata. Por el otro, regenera, desarrolla, cura, realiza. Eso solía pensar. Pero ahora, con más del triple de edad que tenía entonces, sé que no es contradictorio. Una parte no puede existir sin la otro. El mismo tiempo me enseñó que él es el caballero que mide el pasar de los días, y que su señora, la vida, es la que da sentido al señor tiempo.

Un buen día, paseando por el shopping center en Bayamón, me detuve en el Banco Popular y vi a dos excompañeros de escuela superior que trabajaban allí. Entré a saludarlos y hablamos sobre oportunidades de empleo en el Banco. Poco después, comencé como *cajero* en aquella misma sucursal.

Tomé cursos de banca, inglés y entrenamientos especializados de los diferentes departamentos del Banco Popular en Hato Rey. Hasta que diez años después de estar en el Banco, mi vida profesional giró del sector privado hacia el servicio público y la política.

Mientras escribo este segmento, involuntariamente, me voy en retrospectiva a repasar con ligereza el saldo de mis 25 años en el servicio público. Un escritor profesional preferiría dejar esto para el final. Yo he optado diferente. De seguro porque ni soy escritor de oficio, ni busco ganarme un premio de literatura. Sólo he querido plasmar mi vivencia personal como servidor público y mi experiencia en el mundo de la política puertorriqueña. Y eso me da una holgura que no pienso desaprovechar. Tal vez es que tengo urgencia de sacármelo del pecho. Y, ¿Quién sabe? Por si decides no seguir leyendo mi libro hasta el final, al menos me aseguro de que lees esta parte.

Al evocar mi experiencia tengo que separar el servicio de lo que es la política. Porque servir, es una cosa, y la política, otra. Si bien es cierto que haberme dado por entero a la gente me brindó las más gratificantes experiencias, no es menos cierto que en el proceso, la política me sacudió con fuerza huracanada.

Es como si para lograr una cosa se tiene que estar dispuesto a ser víctima de la otra. El que quiere servir de corazón, se constituye enemigo del sistema politiquero establecido, y tiene que ir a la contienda sabiendo que la batalla más grande no será por los votos, sino por su alma, integridad y principios.

Algunas de las veces que me sentía sofocado por las artimañas que sufría en la política, me consolaba pensado que yo no era el único que había pasado por eso. La política no es un ambiente para débiles. Así que no me valdría de nada quejarme de lo que entendía era injusto. ¡De algún sitio tenía que agarrar fuerzas si ese era el precio que pagar para uno mantenerse firme en sus ideales de promover desarrollo colectivo!

A través de la historia de los pueblos, muchos hombres y mujeres quienes decidieron poner en primer lugar el servir a los demás y promover el bienestar y progreso común tuvieron que enfrentar hostilidades. Algunos hasta tuvieron que pagar con su libertad o hasta con sus propias vidas.

Y es que procurar el desarrollo colectivo de un pueblo, aun dentro de un sistema democrático, como fue mi caso, nunca es un proceso libre de oposición. ¡Qué ironía! ¿No sería más lógico que todos, queriendo su propio progreso y el de los demás, colaboraran en unanimidad por el bien común? Eso sería lo que dicta el sentido común, valga la redundancia. Bueno, tal vez justo ahí descansa el tranque: En que el sentido común parece ser muy poco común; más bien escasea.

Siempre leí con estimación las historias de líderes extraordinarios; individuos fuera de serie, pacíficos aun cuando algunos de ellos no les quedó otra que hacer guerra, propulsores de la justicia social y los derechos humanos, paladines de carácter incorruptible que en la historia reciente se aseguraron de dejarnos una herencia honorable que pudiera ser emulada: Nelson Mandela, Franklin D. Roosevelt, Winston Churchill, Martin Luther King, Madre Teresa de Calcuta, y Margaret Thatcher, entre otros.

Mandela, recipiente del premio Nobel de la Paz, fue uno de esos líderes fenomenales del siglo XX por quien siempre tuve gran admiración. Con frecuencia releía extractos de sus discursos y entrevistas porque me hacían meditar y me ayudan a poner las cosas en su justo contexto.

Temprano desde que ocupé la alcaldía, me di cuenta de que el poder es un enemigo mortal del carácter y por tanto es responsabilidad del portador tenerlo siempre subyugado. Es ese el antídoto a lo que de otra forma pudiera llevar a uno a una destrucción segura.

En eso, el modelo Mandela me ayudaba. Fue recipiente de uno de los mayores poderes que se le puede conceder a hombre alguno: El apoyo de una nación – ser elegido democráticamente mediante el voto. Pero antes de llegar ahí, había sido perseguido e injustamente encarcelado durante veintisiete años por sus convicciones de igualdad y derechos humanos. Tuvo que sacrificar hasta a su propia familia, pero nunca varió su mensaje unificador y pacífico; y hacía de cada infortunio un vehículo para mostrar su calidad humana y civismo.

A pesar de todo lo que le aconteció, Mandela nunca cambió su forma humilde y respetuosa de conducirse y de tratar al prójimo, aun a sus verdugos. Luchó de forma tenaz por la igualdad, contra viento y marea, adversidades, amenazas, ataques sin tregua e injusticias; tampoco se dejó dañar por la política.

En ninguna manera estoy comparando mi vida con la de Mandela, pero como ejemplo de liderato y humildad me era un excelente recurso para ayudar a mantenerme con los pies en la tierra. Él dijo en una ocasión: *"Mucha gente en este país ha pagado un precio antes de mí, y muchos pagarán el precio después de mí"*. (1)

Para algunos, esas podrían sonar como palabras ordinarias, pero para mí tenían un sentido especial. Me hacían entender que, para un hombre común y corriente como yo, era posible hacer cosas a favor del progreso de un pueblo a pesar de la adversidad, oposición y los detractores. No que sea fácil, pero sí posible.

Después de todo, parafraseando a Mandela; algunos ya lo habían hecho antes que yo, y otros lo volverían a hacer en el futuro. La fuerza que se tiene que hacer para lograr el bien es constante y a veces el camino es cuesta arriba. Papi me enseñó que vale la pena y que, además, es nuestro deber.

El deterioro de la política y de los partidos políticos es alarmante y es, en mi opinión, la mayor amenaza contra el esfuerzo de forjar un organismo de servidores públicos de primera. Desde cuando atestigüé las traiciones de que mi padre fue objeto por parte de algunos llamados líderes de su propio partido, ese mal vino a ser muy personal para mí. Me forzaron a sufrir de primera mano el lado perverso de la política. Y pensaba en ese entonces que lo que había pasado era lo más malo y que no podía ponerse peor. ¡Qué ignorancia! ¡Cuán equivocado estaba! Durante los años que estuve activo en la política decía, "ahora sí que esto es lo peor que he visto y es imposible que empeore la cosa". Pero cada vez me volvía a equivocar.

Mientras reviso y edito el manuscrito de este libro que hoy ya tienes en tus manos, me atrevo a decir con seguridad que estarás de acuerdo conmigo en que en las décadas recientes hemos visto casos de perversión política tanto locales como mundialmente que no dejan espantados. Así que ese es como un cuento de nunca acabar.

Empero, por más que nos decepciona la mal llamada política, no es un mal nuevo. No de balde el presidente George Washington advirtió de forma enfática sobre los devastadores efectos que pueden causar los partidos políticos a los gobiernos. En su conocido discurso de despedida, (carta que dirigió a la gente de Estados Unidos al acercarse la conclusión de su segundo término en la presidencia, publicada el 17 de septiembre de 1796), el presidente Washington indicó sobre la inminencia del daño que ya en ese entonces estaban causando los partidos políticos, y predijo sus catastróficas repercusiones y relación con el despotismo.

"Sin contraer la atención a un extremo de esta naturaleza, que, sin embargo, nunca debe perderse totalmente de vista, los males comunes y continuados, que trae consigo el espíritu de partido son bastantes, [como para] para que un pueblo sabio tenga interés, y mire como una obligación el desaprobarlo y contenerlo.

El espíritu de partido trabaja constantemente en confundir los consejos públicos, y debilitar la administración pública. Agita a la comunidad con celos infundados y alarmas falsas; excita la animosidad de unos contra otros, y da motivos para tumultos e insurrecciones". Belgrano, Manuel. *(2)*

Curiosamente, la definición que da la Real Academia Española del término político[a] no da indicio alguno del aspecto práctico fatídico que muestra una parte significativa de sus practicantes, y que todos atestiguamos día tras día. La más alta institución de la lengua castellana define político[a] de la siguiente manera:

- *Actividad de quienes rigen o aspiran a regir los asuntos públicos.*
- *Actividad del ciudadano cuando interviene en los asuntos públicos con su opinión, con su voto, o de cualquier otro modo.*
- *Cortesía y buen modo de portarse.*
- *Arte o traza con que se conduce un asunto o se emplean los medios para alcanzar un fin determinado. (3)*

Ha de ser que en la ambigüedad de la palabra *actividad* muchos ejecutantes de la política han encontrado espacio para hacer como bien les parezca en su intención de avanzar su agenda e ideal personal. Es como si se auto atribuyeran licencias para excluir del proceso la parte que promueve cortesía, respeto mutuo (aun cuando haya diferencias), integridad, civilidad y buenos modales. ¡Qué triste!

Al final de la década de los sesenta y principios de los setenta, a mis 30 años, temerle a la política y a los políticos no era mi foco de atención. No era la amenaza de que mi familia, amistades y yo nos expusiéramos a sufrir los efectos nefastos de los procesos políticos lo que me preocupaba en ese entonces. Eso aun cuando ya habíamos sufrido de primera mano las injusticias que vivió mi papá.

Por el contrario, mi norte era ser promotor de nuevos estilos de hacer política y también gobierno, facilitador de nuevas oportunidades para mi pueblo de Dorado. Tenía una visión muy clara desde el principio: que forjáramos un municipio modelo en todas las áreas; un ayuntamiento de vanguardia que junto a la sana administración crearía el legado estable sobre el cual futuros líderes pudieran continuar desarrollando. Confiaba que los aspectos negativos de la política, si nos afectaban, serían secundarios y no nos impactarían demasiado. Eso pensaba.

El Dorado de Entonces

Siempre considerado un baluarte del Partido Popular Democrático, el municipio de Dorado experimentaba desde el 1948 un tipo de liderato casi feudal. Cada cuatro años, el poder era volteado sólo entre dos líderes, sin espacio para otras alternativas: Don Lalo Rodríguez y Don Nolo Morales.

Ese era el cuadro de entonces. Y fue ese el escenario reinante cuando decidí dejar de ser un espectador y retar el estatus quo. Denuncié con determinación el continuismo y reclamé el derecho que como parte de la nueva generación yo tenía a postularme y competir por la oportunidad de ganarme la confianza del pueblo.

En adición a los asuntos políticos del pueblo y de mi trabajo en el Banco Popular, yo participaba en otras actividades de tipo cívico-social. Para el año 1969, el grupo de Viva La Gente *'Up With People'* de Dorado estaba siendo organizado por el jovencito Rigoberto Carrión y les ofrecí mi ayuda. Yo los apoyaba en los ensayos e hicimos actividades para levantar fondos para las presentaciones.

Tres años más tarde fue al grupo Viva la Gente que le tocó recibir en Dorado a los organizadores del Desfile Puertorriqueño de Nueva York. La delegación del desfile quedó tan impresionada con el talento del grupo que les extendieron una invitación para que se presentaran en la gala del desfile de 1973 en el hotel Waldorf Astoria en New York.

Durante el tiempo que escribía este libro, Rigoberto y yo pudimos hacer contacto por Facebook e intercambiamos números de teléfono. Me dio mucha alegría poder comunicarme con él y conversar sobre nuestras respectivas familias y amistades de Dorado. Le informé que estaba trabajando en un libro sobre los años que dediqué al servicio público y las experiencias vividas.

Le dije que había querido comunicarme con él desde hacía mucho tiempo porque en el libro hablo sobre el grupo *Viva La Gente*. Le comenté que había estado desempolvando historias viejas de la mejor manera que mi memoria me permitía. Pero como habían pasado tantos años, algunas cosas se me escapaban. ¡Quién mejor que él para refrescarme la época cuando colaboramos en el grupo"!

De inmediato, Rigoberto, con la iniciativa que siempre lo caracterizaba en su juventud, compartió mi entusiasmo y se ofreció a prepararme un escrito para ayudarme a refrescar la memoria. Dos semanas después, me envió un correo electrónico con el escrito que me prometió (ver copia del documento completo en la sección anexos). A continuación, un extracto:

> *"Comencé a dirigir el grupo Viva La Gente a la edad de 13 años siendo apenas un adolescente en Dorado, Puerto Rico. El grupo fue creciendo y se convirtió en un movimiento donde muchos jóvenes de diferentes edades y diferentes grupos sociales nos juntamos y formamos un poderoso movimiento juvenil para los años 1969 al 1970. Así el grupo, con una filosofía distinta que proclamaba la unidad de todo a través de un 'rearme moral' sin distinción de raza, de clases, ni de credos, logró reunir en nuestro grupo a más de 300 jóvenes de aquellos años.*

> *Fue así que Papiño, el entonces gerente del Banco Popular de Puerto Rico del pueblo de Dorado, nos comenzó ayudar. Como gerente del banco nos ofreció un préstamo para la compra de los equipos musicales, así como micrófonos y bocinas para nuestras presentaciones. De ahí se quedó como un tipo de padrino del grupo. El grupo siguió cantando a través de toda la isla, así como en hoteles en Dorado y en el área metro, con un éxito tremendo. En varias ocasiones Papiño nos acompañaba a las presentaciones o se presentaba al final de la misma como parte de su apoyo".* (Carrión, R. - Ver documento completo en la sección anexos).

Sin lugar a duda, los muchachos y muchachas del grupo Viva La Gente pusieron el nombre de Dorado y de Puerto Rico en alto, y nos hicieron sentir muy orgullosos.

En adición, en el quehacer cívico, fui presidente del Club de Leones. Era una organización con la que estaba muy familiarizado pues papi había sido un *león* muy comprometido con el trabajo social y también fue presidente del Club.

Bajo mi incumbencia, pusimos en práctica la misión del Club de atender causas cívico-sociales: Reparamos casas a personas indigentes, colaborábamos con el municipio pintando postes del tendido eléctrico y áreas públicas, y ayudábamos en la limpieza. Compramos los terrenos para construir la casa club. Dejé la presidencia cuando me nombraron jefe de zona, supervisor y representante del gobernador de Los Leones.

Para ese tiempo, seguía trabajando en el Banco Popular, pero a la vez era miembro del comité municipal del PPD, representando la juventud, junto a Néstor Cruz y Héctor López. Teníamos la inquietud de renovar el partido y facilitar el que nuevos líderes entraran en el panorama político. Los tres nos dimos a la tarea de buscar candidatos. Visitamos mucha gente joven con potencial para candidaturas, pero nadie quería lanzarse al ruedo.

Sin darnos cuenta, entre Héctor, Néstor y yo comenzamos a recomendarnos unos a otros, pero ninguno de nosotros quería aceptar el reto, por no tener que enfrentar al establecimiento vitalicio que imperaba en el pueblo.

Finalmente, el reto me tocó a mí y en el 1968 corrí en primarias contra Nolo, quien era el presidente del PPD y contra Chanito Navedo, auditor municipal. Perdí, pero me sentía ganador. ¡Cómo no me iba a sentir ganador! Sin dinero, sin ser conocido, sin recursos, me enfrenté a la maquinaria política reinante.

Corrí esa campaña en mi tiempo libre pues sólo podía ir a actividades políticas en horas que no confligieran con mi trabajo. Cada tarde al salir del Banco me arremangaba la camisa y me iba a caminar casa por casa. No me presentaba a la gente como Papiño, sino como Alfonso López, hijo. Preferí usar mi nombre de pila, el mismo de papi, a quien todo el mundo conocía y respetaba, pero aun así Nolo prevaleció. Perdí por unos escasos sesenta y tantos votos.

He trabajado mucho en mi vida, pero tengo que decir que la labor de llevar a cabo una campaña política es ardua sobremanera. Otrora, las plataformas digitales de redes sociales que hoy día dominan todo, eran inexistentes. Por tanto, para llevar un mensaje de campaña a la gente, había literalmente que hacer eso mismo: llevárselo personalmente casa por casa.

Claro está, las satisfacciones y el beneficio de tener contacto directo cara a cara con la gente eran irremplazables. Cada interacción con los ciudadanos como que me servía de combustible para agarrar fuerzas y continuar caminando como candidato por todas nuestras comunidades. Ya fuera estrechando manos, compartiendo mis planes de futuro, tomándome un cafecito con los ancianos y ancianas, escuchando las inquietudes del pueblo y buscando soluciones para resolver sus problemas, me lo disfrutaba todo. Siempre lo consideré un privilegio.

En fin, cada encuentro era una oportunidad que me daban para entender sus situaciones y poder así servirles mejor. Perder después de tanto trabajo y expectativas fue devastador. ¡Y encima perder por sólo un puñado de votos!

El Partido Popular a nivel central estaba en crisis. Roberto Sánchez Vilella se había desasociado de la colectividad para formar el Partido del Pueblo, quedando en el PPD Luis Negrón López, favorecido de Luis Muñoz Marín. Esa división contenciosa hizo eco a través de la isla y estremeció todos los municipios clave del PPD.

Luego del proceso primarista —mi estreno como candidato en campañas políticas— me fui de vacaciones a México. Necesitaba descansar un poco, reponer mis energías y organizar mis pensamientos sobre el futuro. Estando en la piscina del hotel escuché por el sistema de altavoces que tenía una llamada urgente de larga distancia. Salí corriendo hacia el teléfono pensando lo peor. Al otro lado del auricular oí la voz de papi.

Él quería informarme que el liderato del Partido del Pueblo me estaba buscando para hablar conmigo y ofrecerme la candidatura a alcalde de Dorado por el recién creado partido. Le contesté que ni a mí ni al Partido del Pueblo nos convenía esa movida. Le expliqué a papi que aceptar esa oferta significaría como invalidar el veredicto del pueblo que me apoyó en la primaria. Significaría menospreciar las inquietudes y razones que me habían motivado.

Argumenté que yo no había aspirado al cargo para tener un empleo, sino para serle de servicio al pueblo. Ellos no aceptaron mi rechazo. El mismo don Roberto Sánchez Vilella me llamó y me replanteó el mismo ofrecimiento. Me dijo que pospondrían la asamblea para que habláramos a mi regreso.

La misma noche que llegué a Puerto Rico me recogieron para ir a una reunión. Mi posición era la misma, pero para no pasar como descortés, los acompañé. En persona, les reiteré mi decisión de no aceptar lo que me ofrecían y les agradecí el que me consideraran.

Salí de esa reunión muy abatido porque fue difícil rechazar a los que estaban mostrándome apoyo y creían en mi capacidad para darles el triunfo. Terminada mi participación en la reunión, ellos cerraron ese capítulo y escogieron a otro candidato.

Ante la incertidumbre de mi futuro político, yo me mantuve tranquilo. Opté por no participar en ninguna actividad relacionada con la campaña, aun cuando papi y mami se envolvieron en los eventos del Partido del Pueblo a nivel isla. Llegado el día de las elecciones, fui y ejercí mi derecho. Voté por Roberto Sánchez Vilella y el Partido del Pueblo.

Continué muy activo con la juventud popular, pero en el Banco me pusieron un ultimátum. Me dijeron que tenía que escoger entre el trabajo o la política. Me decidí por mi trabajo en el Banco y poco después me nombraron gerente de la nueva sucursal que abrieron en Dorado el 9 de abril de 1969.

Para ese tiempo, tristemente, la salud de papi estaba deteriorándose. Su condición requería que se le realizara una cirugía para colocarle un marcapasos en su corazón, pero él no estaba muy conforme con tener que viajar hasta Houston para hacerse el procedimiento. En esos años, esa cirugía no se realizaba en Puerto Rico.

Como ya papi estaba retirado y le sobraba tiempo, había hecho la costumbre de llevarme café a mi oficina en el Banco en las mañanas; a veces me cocinaba almuerzo. Nos veíamos todos los días. Una noche que fui a su casa, mientras nos despedíamos en el balcón, le dije que si no se sentía recuperado nos debíamos ir al día siguiente para Houston a que le pusieran el marcapasos. Pero el tiempo se nos adelantó.

A las cinco de la mañana del 11 de junio de 1969, la persona que cuidaba a papi y a mami en su casa, me vino a avisar que debía ir de inmediato a verlos porque creía que papi había fallecido mientras dormía. Como yo vivía cerca, corrí lo más rápido que pude.

Cuando llegué, encontré a mami en la sala llorando. Fui y levanté a nuestra vecina Casilda, quien era como de nuestra familia, para que me ayudara con mami y también a hacer las gestiones necesarias con el cadáver de papi. ¡Qué dolor tan grande!

Por meses, mientras estaba enfocado en mi trabajo como gerente en el Banco Popular, continuaba ponderando la posibilidad de volver a la política activa. Es un proceso interno muy personal que se va dando y que es un tanto difícil de explicar. Imagino que aquellos que han corrido para algún cargo electivo bien podrán identificarse con esto.

Era como si, por un lado, yo mismo me quería convencer de que no debía postularme; de que el sacrificio que requería tal reto no valía la pena, esto, considerando la posibilidad de perder. Y por el otro, todo mi ser me gritaba que me correspondía hacerlo porque era mi deber; que ganaría y que todo estaría bien.

Cada campo tiene sus dificultades, pero la política…, la política tiene sus particularidades únicas. Es un desafío grande lograr que un grupo de gente crea en uno como para querer brindar su ayuda. Enlistarse como voluntario(a) de lleno en una campaña sin recibir salario alguno no es cosa fácil. A veces hasta costeándose sus propios gastos como gasolina y comida. Pero sin ese ejército de incondicionales seguidores es imposible poder llevar el mensaje a los electores de forma efectiva para poder ganar su confianza y su voto.

Recuerdo que siendo presidente de la Cooperativa Gasolinera Dorado Toa Baja, trabajando hombro a hombro con su junta directiva, de la cual el pastor Arturo de Jesús era miembro, logramos rescatar la Cooperativa de la precaria situación financiera en que se encontraba. La sacamos a flote y la convertimos en un modelo de buena administración. Por primera vez en años, pudimos repartir dividendos entre sus socios.

Tiempo después, me hacían un homenaje en Mameyal en el que me reconocían por ese logro y fue allí, para mi sorpresa, que Arturo y un nutrido grupo de jóvenes populares me mostraron las primeras calcomanías y material de campaña que ya tenían impresos. Ante la insistencia de ellos y su determinado endoso, esa noche acepté.

Fue así como en abril de 1972, durante las vacaciones de mi trabajo como gerente en el Banco Popular, tomé la decisión de oficialmente lanzar otra vez mi candidatura a la primaria para alcalde de Dorado. O tal vez sería más honesto de mi parte decir que mis seguidores tomaron la decisión por mí.

Para poder darme de lleno a la campaña, solicité al Banco una licencia sin sueldo que se extendió hasta el 31 de diciembre. Tanto don Arturo Carrión, miembro de la Junta de Directores del Banco Popular, como el gerente de distrito me hablaron para que reconsiderara, pero mi decisión estaba tomada.

Por supuesto que el proceso de re-incursionar en la política no fue fácil y tampoco lo pude hacer yo sólo. Uno puede tener sus ideas claras y un plan trazado para beneficio colectivo, pero no es hasta que otros crean en uno y se unen a la causa que la posibilidad de materializarlo se hace real.

El apoyo de ese primer grupo de simpatizantes es vital. Y mi caso no fue la excepción. Uno de los primeros fue Arturo quien era amigo de la familia y colaborador clave en mi lanzamiento al ruedo político. Fue Arturo quien dio forma al primer estribillo de campaña: *'Papiño, la salvación'*. Junto a Arturo, otros jóvenes, Jorge "Chino" García, Carlos "Perejil" Sostre, Carmelo Ramos, Ángel Concepción, Rigoberto Carrión, Yolanda Vélez y otros.

Aprovecho para hacer la aclaración de que este *'slogan'* o estribillo de campaña no se refería a asuntos de naturaleza religiosa. De hecho, recuerdo la controversia que este estribillo trajo consigo y la presión que cayó sobre Arturo, pues siendo él pastor evangélico muchos líderes religiosos lo criticaron a viva voz. Pero recuerdo con la claridad y convicción con que Arturo nos explicaba que usar la palabra salvación en el estribillo de campaña no generaba una falta a la fe que él profesaba.

Hizo referencia al hecho de que una palabra tiene varios significados y más importante aún, se tiene siempre que ver en el contexto en que están escritas. Era simple. El estribillo expresaba lo que entendían mis seguidores que Dorado necesitaba para despertar del estado comatoso en que se encontraba. Alguien que se atreviera a desafiar el sistema que por casi 25 años había estado aplastando el potencial de desarrollo de una nueva generación de líderes en el pueblo. Yo lo avalé y de ahí comenzamos.

Y tuvimos banderas para repartir, gracias a la ayuda que nos brindó el doctor Raúl Latoni. Él fue uno de los que compró tela para que pudiéramos confeccionar las primeras banderas. También, el doctor

Luis Izquierdo Mora y el representante Severo Colberg me dieron su apoyo incondicional. ¡Hasta pudimos lanzar hojas sueltas desde un avión, gracias a la generosidad del licenciado Johnny Maldonado y otros amigos!

La ayuda y amistad que me dispensaron fue vital para mí y para mi equipo de campaña. Estábamos motivados. Hicimos imprimir material de campaña y así comenzamos a regar el grito de esperanza a un pueblo que estaba dormido, conforme, acostumbrado y sin aspiraciones.

La campaña de primaria no fue tarea fácil. Nolo Morales, el alcalde de turno, quien había sido popular por años y había ganado bajo esa insignia, se cambió al PNP (Partido Nuevo Progresista) durante su último cuatrienio. Mi contrincante en la primaria, el señor Jorge Concepción, era miembro de una familia muy respetada en Dorado y activa dentro del Partido Popular. Era el presidente del PPD en Dorado y hermano del presidente de la Asamblea Municipal. Él y su grupo contaban con el apoyo de los líderes populares locales de la época, tanto municipal como a nivel institucional del partido. Pero la fuerza y confianza que me impartía mi pequeño grupo de seguidores tenía el efecto de reducir –al menos en mi mente- la obvia ventaja que Jorge tenía en la carrera.

Bajo la tutela del joven Carmelo Ramos, mi director de campaña, nos lanzamos a la calle con nuestro mensaje. Durante dos meses visité cada rincón de Dorado dándome a conocer y pidiéndole a los populares su voto de confianza. Según pasaban los días, el entusiasmo de la gente crecía a favor de mi candidatura, especialmente de los jóvenes. De la misma manera crecía mi deseo de convertirme en alcalde y dedicarme a todos los doradeños.

Asimilé el proceso de campaña con una naturalidad increíble. Me gustaba tanto el contacto directo con la gente que comencé a disfrutar el conocerlos de cerca y su progreso vino a ser mi prioridad. Yo estaba firme. No había espacio en mi razonamiento para *"y si no gano"*. Ha de ser un mecanismo de defensa que se desarrolla en el proceso para no desmayar ni tampoco dudar. El 11 de junio de 1972, gané la primaria por sobre trescientos votos. Coincidentemente, ese mismo día era el tercer aniversario de la muerte de papi.

El sabor dulce de la victoria en la primaria no me duró mucho. Para mi sorpresa, luego de ganar la primaria me tocó pelear otra campaña adicional antes de las elecciones generales, ésta con el liderato de mi mismo partido. Pretendían que yo hiciera renunciar a la mitad de los asambleístas que habían corrido y ganado conmigo en la papeleta de primaria para acomodar a los asambleístas que habían perdido, según argumentaban, para bien del partido. Por supuesto que me negué rotundamente.

No podía creer que en un sistema democrático se intentara manipular la decisión del electorado. Tan determinados estaban a lograr sus intenciones que recurrieron a enviar cabilderos del PPD a nivel de su junta a resolver la situación de tranque en Dorado. Dos coordinadores fueron asignados. Primero, el licenciado Arcilio Alvarado vino a tratar de convencerme. No pudo. Luego, enviaron al licenciado Fernando Cabanillas con la misma meta de analizar la situación de Dorado y persuadirme a sacar mis asambleístas. Tampoco lo logró. Ambos regresaron al PPD con informes de que yo estaba firme en mi posición.

Una vez me citaron a una reunión en las oficinas centrales del PPD en Puerta de Tierra y me topé con una desagradable sorpresa. El vicepresidente del Partido, Juan Cancel Ríos, quien era también vicepresidente del Senado, me encerró en su oficina para exigirme lo mismo: Que los asambleístas que habían ganado conmigo en mi papeleta renunciaran para darles lugar a los que perdieron. ¡Yo no podía dar crédito a lo que escuchaba!

No sólo eran los emisarios que me habían llegado a Dorado a tratar de convencerme, sino que ahora en un entorno mucho más intimidante, era el mismo vicepresidente del PPD quien me demandaba despedir a mis asambleístas. Hombres y mujeres quienes al igual que yo habían sido electos en las primarias del PPD por el voto democrático de los ciudadanos de Dorado. Sencillamente, me resultaba increíble.

Ante tan déspota petición, enfurecido, le ofrecí hacérselo más fácil. Le dije que yo y mis asambleístas renunciaríamos para que ellos pusieran a los que perdieron. En eso entró a la oficina el representante Honorable Severo Colberg. De inmediato, Juan Cancel le explicó lo que me estaba solicitando y le pidió ayuda para convencerme. Severo le contesto: "No jodan más a Papiño. Déjenlo trabajar que yo les garantizo que él ganara las elecciones". Juan Cancel lo miró con asombro y le ripostó que él creía que lo ayudaría a convencerme. La respuesta que Severo le dio fue: "Pero si te estoy ayudando. No jodas más a Papiño". Ahí termino la reunión, pero no las presiones para convencerme que hiciera renunciar a mis asambleístas. ¡Absurdo!

En medio de esa pugna, como pude, organicé una caravana con motivo de la celebración del 25 de julio. Tal fue el éxito del multitudinario evento que mi confianza en mi capacidad de convocatoria se robusteció aún más. ¡Es que nada como tener el respaldo de un pueblo!

Finalmente, pude vencer las fuerzas internas de la colectividad, asimilar mi rol como candidato oficial a la alcaldía y concentrarme en la campaña general contra el candidato del Partido Nuevo Progresista, Miguel Morales.

Miguelo como se le conocía en el pueblo, era hijo del conocido comerciante don Miguel Morales, quien tenía su tienda muy cerca de donde yo vivía en el área de La Marina. Ya para entonces Miguelo, era considerado el candidato opositor, pues la lucha que habíamos tenido que batallar dentro del partido fue tan feroz que fue como tener una campaña entre la primaria y la elección general. ¡Extenuante!

Así que comencé mi otra campaña. Con recursos económicos limitadísimos y el apoyo nulo del PPD, mi equipo y yo nos dimos a la tarea de ganar. Pero ¿Cómo? A veces me preguntaba. Hoy, al recordar esos inicios, me tengo que reír. Verdaderamente, fuimos audaces. No teníamos comité. Como recursos, contábamos con algunos altoparlantes y un Jeep.

Repartíamos banderas, calcomanías y hojas sueltas. Basamos nuestra estrategia en alcanzar a los residentes de Dorado, pueblo y campos con el mensaje de progreso y desarrollo para todos. Un grupo de populares voluntarios alquilaron una casa en el pueblo que usaban como comité y ese mismo local fue el que yo utilicé durante mi campaña.

Poco a poco más gente se iba añadiendo y me demostraban que estaban dispuestos a darme la oportunidad a través de su voto. La disciplina de mi campaña y el entusiasmo que íbamos despertando en el pueblo llegaron a oídos de la Junta en las oficinas centrales del PPD y su liderato. Ante mis buenas posibilidades, iban cediendo su resistencia y poco a poco me apoyaban.

Las cosas comenzaron a ser diferente. Según pasaban las semanas, crecía mi convencimiento de que ganaría las elecciones. El apoyo de la gente era masivo y abrumador. La energía que recibía con cada apretón de manos, los abrazos, la sonrisa de esperanza y apoyo que me daba la gente me renovaban las fuerzas. Parecía no cansarme a pesar de caminar por horas diariamente, dar discursos cada noche, reunirme con grupos comunitarios a escuchar sus problemas particulares, comerciantes, maestros, y otros grupos.

Hablado con sinceridad, no considero que la campaña fuera difícil y nunca tuve la presión de que fuera a perder. Tal vez estaba sobre confiado. Pero esa es la verdad. Las primarias habían dejado ronchas y algunos populares quedaron lastimados. Yo estaba crédulo de que los que habían desertado al Partido del Pueblo, verían en mí la alternativa de renovación que ellos buscaban en el 1968 y no habían podido conseguir y que regresarían al Partido Popular.

Llevé mi mensaje a cada rincón. Mi oponente Miguelo, un hombre de valores familiares, grandes cualidades y conocido comerciante, fue un caballero durante la campaña. En las urnas, el pueblo me dio su voto de confianza y con un amplio respaldo de la juventud, me eligieron alcalde en el mes de noviembre de 1972.

Esa misma noche, Miguelo y Nolo, ambos del PNP, llegaron hasta mi comité de campaña a felicitarme personalmente y a ponerse a mi disposición. Esa cordialidad entre candidatos de partidos opuestos contrastó grandemente con la disputa interna que viví en mi partido defendiendo el voto que me había dado el pueblo popular durante la primaria. Ahora, ya no era asunto de colores. Me había convertido en el alcalde de los doradeños. Y era mi compromiso, servirles a todos por igual.

Papiño, El Alcalde

El 1972 fue un año de titulares y contrastes para Puerto Rico. Vivíamos días de grandes emociones en nuestro proceso de desarrollo como nación. No solamente era año eleccionario, sino que como pueblo experimentábamos un período de retos tratando de armonizar los efectos del avance social y conservar nuestra cultural e idiosincrasia. Entre otros muchos titulares de la época se destacaron los siguientes:

- 53 competidores representaron a Puerto Rico en las Olimpiadas de Verano en Alemania. *(4)*
- El concurso de Miss Universo se celebró por primera vez en Puerto Rico en el hotel Cerromar Beach en Dorado, en medio de alarmantes amenazas terroristas. *(5)*
- Turistas puertorriqueños fueron asesinados en ataques también terroristas en la ciudad de Tel-Aviv en Israel. *(6)*
- En el aspecto de la música, el aclamado promotor americano de conciertos, Alex Cooley trajo a Puerto Rico el legendario concierto pop *Mar y Sol* en el que participaron sobre veinticinco íconos de música mundial tales como Billy Joel, B.B. King entre otras grandes luminarias de ese género. El concierto que tuvo lugar en la playa de Manatí y fue concurrido por más de 30,000 personas. *(7)*

Habiendo ya pasado estos eventos y concluido el intenso proceso de las elecciones celebradas en noviembre de ese año, el país se dispuso a celebrar las festividades navideñas como sólo en Puerto Rico lo sabemos hacer. Todos ya estábamos de fiesta, desconociendo que el último día del año nos traería un golpe que se llevaría consigo el entusiasmo por recibir el nuevo año.

Esa noche, poco después de las nueve, un avión fletado que transportaba ayuda humanitaria a los damnificados del terremoto en Nicaragua cayó en las profundidades del Océano Atlántico, dando muerte al ídolo beisbolista, Roberto Clemente, sus acompañantes y la tripulación. *(8)*

Sin transición alguna, la alegría se nos convirtió en lamento. El aire navideño, característico festivo en Puerto Rico se tornó fúnebre. El pesar nos invadió. El luto tomó control. Nuestro Roberto, una de las más grandes estrellas que ha dado el béisbol mundial de todos los tiempos, pereció de repente; dejándonos como consuelo el gran nombre y gloria que le ganó a Puerto Rico y su ejemplo magno de filantropía.

Y fue así, mientras como pueblo vivíamos duelo nacional por el trágico fallecimiento de nuestro héroe Roberto Clemente que juramenté como alcalde el 8 de enero de 1973.

Ese año, Dorado cumplía 130 años de su fundación y todos estábamos listos para el cambio. En mi sencillo, pero significativo discurso de juramentación, plasmé el profundo sentido de nuevo despertar que marcó mi elección; sentido de esperanza y unidad para juntos forjarnos el Dorado que todos anhelábamos.

> *"Hoy se abre un nuevo capítulo en la historia de nuestro pueblo. La antorcha ha sido recogida por una nueva generación de doradeños, orgullosos de nuestros antepasados y dedicados a superarnos para un mejor futuro. No celebramos aquí la victoria de un partido, sino la celebración del comienzo de una nueva revolución pacífica, encaminada a atacar con todas las fuerzas de nuestro espíritu los problemas que nos aquejan… Al tomar las riendas del gobierno municipal en el día de hoy, lo hago libre de todo juicio de índole político, racial o religioso. Para mí lo primordial es trabajar por el bienestar de mi pueblo a quien llevo en lo más profundo de mi corazón. Ese es mi compromiso y a eso estoy comprometido."* (Versión completa del discurso aparece en la sección de anexos).

Yo no tenía duda. Mi norte era servirle a Dorado. Para ello, estaba convencido de que necesitaba el pueblo unido trabajando conmigo. La preparación para los actos de mi inauguración me dio la primera oportunidad de demostrarle a mi pueblo que soy un hombre de palabra y que cumpliría como había dicho en la campaña. Formé mi comité de juramentación con un diverso grupo de doradeños; gente de diferentes sectores, trasfondos e ideales políticos. Lo presidió la doctora Casilda Canino, hija de don Marcelino Canino; una familia ilustre, muy apreciada y conocida por todos.

El proceso de reclutar mi equipo de trabajo me dio otra oportunidad de reafirmar los pilares sobre las cuales funcionaría la política pública de mi administración: Un gobierno abierto, inclusivo, unido, de respeto; del pueblo y por el pueblo. Me sirvió para demostrar mi determinación de cumplir mi palabra aun cuando esto significaba enfrentar gente de mi partido, algunos de los cuales habían colaborado de lleno conmigo en la campaña.

Yo estaba claro que yo no era un político tradicional. Comencé a seleccionar el personal de confianza bajo criterio de capacidad, preparación, experiencia y valores morales; jamás basado en líneas político-partidistas, favoritismo o si me apoyaron o no en mi campaña. Por mencionar algunos ejemplos, Frank Cardona era el director de finanzas bajo mi antecesor Nolo Morales y estuvo en contra mía en las primarias. Sin embargo, yo lo conservé en su puesto y eventualmente, vino a ser mi vicealcalde.

Otro ejemplo fue Manuel (Chichío) Canino, a quien nombré director de la Defensa Civil Municipal, aun cuando éste había apoyado a mi contrincante en la carrera para la alcaldía. Al personal de carrera que ya trabajaba en el municipio cuando yo llegué, añadí otros profesionales que recluté de Bayamón, Cataño y Vega Alta. Busqué reclutar el mejor talento. Y fue una combinación que redundó en beneficio directo para el pueblo.

Enseguida, me dispuse a revisar los procedimientos administrativos establecidos en el Municipio y a familiarizarme con la cultura organizacional y operacional. Quería saber cómo se hacían las cosas y más importante aún, el porqué.

No tardé en notar que era necesario realizar cambios significativos para erradicar la actitud de dejadez y conformismo que predominaba en la empleomanía. No creo que su actitud fuera injustificada. Pienso que manaba de sus pésimas condiciones de trabajo: salarios de miseria, equipo deficiente, planta física inadecuada y ausencia de motivación y propósito en lo que hacían.

De las primeras cosas que hice parte de mi rutina fue la de hablar con mis empleados, desde los que recogían la basura, los choferes, conserjes, personal administrativo, médicos, enfermeras, en fin, todos. Yo necesitaba saber, así que tenía que escuchar. Me di a la tarea de cambiar patrones y la tendencia general que tenían de hacer las cosas por rutina porque así lo habían aprendido. Lo hacían sin incentivo.

De mis diálogos con ellos, surgieron ideas de alternativas para hacer del trabajo una experiencia placentera, y poco a poco comenzó a germinar la semilla de la superación y profesionalismo. Yo aprendí servicio del ejemplo de mis padres y con mi actitud de manos a la obra. Siendo yo el primero en servir, les di ejemplo a mis empleados. Haciendo les enseñé.

Una vez alineamos nuestro propósito de servicio, surgió un excelente grupo de trabajo, unido en la meta común de dar a Dorado la mejor administración posible y hacerlo brillar. Una fuerza laboral integrada a la toma de decisiones de la administración, a quienes mantenía al tanto de los retos que nos afectaban a todos y los planes para enfrentarlos.

Renovamos equipo físico y maquinaria tanto de oficina como de operaciones de campo. También al área de las comunicaciones le dimos prioridad. Adquirimos modernos sistemas de teléfono y los noveles en ese tiempo radioteléfonos, maquinillas con memoria, y sistemas computarizados para la contabilidad, fotocopiadoras, impresoras, programas para mecanización de cuentas a cobrar y pagar, y mimeógrafos electrónicos.

Invertimos en la más avanzada tecnología del momento muchos antes que llegara a otros municipios e inclusive al gobierno central. De hecho, bajo mi administración, Dorado fue el primer municipio en implantar un sistema de contabilidad computarizado que vino a ser modelo a nivel de todo Puerto Rico.

Convencido de que mi gestión no se prolongaría más de ocho años, cada día me esforzaba como si de ese día dependiera el legado que le dejaría al pueblo. Cuando me inicié como alcalde, había tanto que hacer que los cambios se comenzaron a palpar con prontitud. Alguna gente me decía que yo era como un mago. No, no era eso. Es que desde el principio mi equipo y yo trabajamos enfocados en nuestro plan, metas claras y sobretodo entendiendo que los recursos que manejábamos no eran personales sino del pueblo. Proceder con eficacia y eficiencia e integridad era nuestra responsabilidad.

Decidido, yo me entregué a ejecutar mi compromiso de transformar a Dorado: Limpieza aquí, pintura allá, una cancha aquí, un parque más allá, la apertura del centro de salud, ambulancias preparadas con personal médico y aparatos modernos, centros comunales en todos los barrios, construcción y reparación de caminos, pavimentación de carreteras, aceras y alcantarillados. Los proyectos de obras y mejoras permanentes fluían a toda máquina en todas las comunidades rurales, y éstas comenzaban a dar señales de vida. Pero más importante que lo obvio que fueron las obras, lo fue el sentido de orgullo que afloraba en los doradeños.

Había progreso en todos los frentes y la ola de cambio favorable nos contagió a todos. Pronto despuntó el renacer de un pueblo en reacción al nuevo estilo de administración que traje; de unidad. Unánimes, nos enfocamos en la misión de transformar a Dorado y desarrollar su potencial.

Me gustaba hacer mis rutinas de ejercicios a las cinco de la mañana y en lugar de hacerlas encerrado en el gimnasio, prefería recorrer las calles del pueblo. Había algo especial en el silencio y la quietud del casco urbano a esas horas tempranas. Me ayudaba a prepararme mentalmente para los retos del día.

Al terminar mis ejercicios, aprovechaba y charlaba con los choferes de carro público que ya estaban listos para sus rutas, entre ellos José Freite, Toño Manón, Apolonio y Pepito. Estos eran individuos de una sabiduría innata, conocedores del acontecer del pueblo y del país, quienes no temían expresar sus opiniones con libertad. Yo los consideraba esponjas del sentir del pueblo que me brindaban una perspectiva realista de la gente a la que yo me debía.

Otras veces, me iba al taller de arte de don Marcos Alegría (míster Alegría como le llamábamos todos), a unos pasos de la alcaldía, o llegaba hasta la farmacia de Rico y Annie Arroyo o me encontraba con don Marcelino Canino y conversábamos de todo un poco. Me gustaba escuchar su pensamiento para así nutrir el mío. Para mi eran baluartes de la conciencia colectiva de nuestro amado pueblo, de quienes podría decir que formaban parte de mi improvisado "think tank" exclusivo: Intelectuales, mentes prodigiosas adelantadas a sus tiempos; poseedores de un agudo sentido del humor, además de la rara virtud de armonizar su esencia de gente humilde con sus impresionantes logros académicos y profesionales. Ilustres personalidades, fuente de inspiración, respeto y admiración no sólo para mí sino para Dorado y todo Puerto Rico.

En la alcaldía puse mi agenda a la disposición de la gente. Recibirlos en mi oficina y escuchar sobre sus necesidades e inquietudes era primordial. Yo atendía ciudadanos todos los días de la semana. Lunes y miércoles durante todo el día, y los viernes medio día. Me di cuenta de que ya fuera por timidez, falta de transportación o por desconocimiento, los que estaban en más precaria situación no llegaban a mi oficina. Y ese problema lo resolví de la manera más práctica posible: Decidí ir yo a ellos.

Los martes y los jueves agarraba una libreta y me iba solo por los campos a visitar ciudadanos en sus hogares. Sin avisarles, tocaba la puerta de sus casas. Se sorprendían tanto que algunos quedaban paralizados.

Esas visitas a los ciudadanos en sus hogares vinieron a ser de las cosas que más disfrutaba de mi gestión como alcalde. El cariño y agradecimiento que me dispensaban nutría mis energías. Me compartían cuales eran sus necesidades y las angustias que como familia les oprimían. Me daban café y compartían conmigo lo que tuvieran de almuerzo.

El contacto directo con la gente me energizaba. Fue un grandioso privilegio que considero sagrado y que siempre protegí aun ante el abrumador peso del sentido de responsabilidad que acarreaba. Era algo que yo necesitaba para poder ser efectivo y, como dicen, mantener los pies en la tierra.

Las reuniones comunitarias que celebraba siempre tenían participación de nutridos grupos de ciudadanos quienes me dejaban saber sus inquietudes y necesidades. Yo estaba accesible para el pueblo; a quienes en realidad me debía.

Muchos identificaron que yo no era un alcalde como los demás. Me consideraban atípico y con razón. Mi estilo de ejercer el cargo no era tradicional. Aprobé ordenanzas prohibiendo el uso de fondos públicos para ir al desfile de Nueva York; también, en contra del nepotismo. Otras de mis gestiones vedaron pintar o pasquinar edificios, vehículos u otra propiedad pública con colores alusivos a partidos políticos o insignias representativas de estos.

Mientras, sobre la marcha, yo iba aprendiendo a ser alcalde. Si, aprendí a ser alcalde siendo alcalde. Una escuela puede preparar a uno con principios de administración y teorías, pero jamás en la esencia que ese cargo conlleva. Admito que temprano noté que me salía muy natural. Y eso llevó a algunos que observaban de cerca, a decirme que era mi vocación.

Tal vez esa era la razón. Pero en realidad, yo tuve una ventaja indiscutible. Mejor que cualquier escuela de administración pública, tuve el ejemplo de ver a papi sirviendo a los demás. Ayudando a otros sin buscar beneficio propio. Papi, haciendo lo que le salía natural. Resolviendo el problema del prójimo, sin importar color, raza o condición social. El mejor centro de entrenamiento para ser alcalde, sin saberlo, lo tuve en mi propia casa.

Así que mi incursión en la vida pública del país no se dio por casualidad ni se produjo en el vacío. Desde muy temprano en mi niñez aprendí a valorar el servicio público. Papi fue mi maestro y el salón de clases fue mi casa.

Dorado Pionero

Salud

Desde que yo era niño pude tener un sentido muy claro del concepto de servicios de salud, eso debido a que en casa veía que papi era como un enfermero o doctor para los pacientes indigentes que llegaban pidiendo su ayuda. Yo crecí conociendo que la mayoría de las personas en Dorado no tenían acceso ni a médicos ni a facilidades de salud, por lo que hice de ello una prioridad de mi agenda como alcalde.

De los logros que alcanzamos temprano en mi primera administración, uno de los más relevantes fue habilitar el centro de salud que había estado inoperante. Aquí, la intervención del Arturo de Jesús fue fundamental. Arturo cedió de su tiempo para atender un impase entre la fuerza laboral del centro de salud y que había paralizado sus operaciones. Eventualmente, lo nombré administrador del centro por contrato, devengando un salario simbólico de $1.00 al año.

Bajo su liderato en las negociaciones logramos los acuerdos necesarios. Reabrimos la sala de partos y comenzamos a tener doradeños por nacimiento. Dimos al área de la salud la prioridad que requería: Hicimos mejoras a la vieja planta física e inauguramos el laboratorio, reclutamos nuevos doctores y aumentamos sus sueldos para compensarles por las guardias y así operábamos 24 horas los 365 días del año.

En adición, adquirimos una flota de ambulancias. Todo esto, mejorando los servicios directos que recibía la ciudadanía, a la vez que se levantaba la autoestima de la empleomanía del centro de salud y áreas relacionadas.

Bajo el lema *Tu Salud es mi Preocupación*, desarrollamos e implementamos un abarcador plan para revitalizar el área de la salud en general. Compramos un vehículo de citas para transportar pacientes ambulatorios al Centro Médico en Río Piedras y al Hospital Regional de Bayamón.

En Maguayo habilitamos un local del gobierno que estaba abandonado y lo convertimos en dispensario permanente atendido por una enfermera graduada. Tres meses después de inaugurado, se añadieron los servicios de médico podiatra dos veces por semana con especial atención al cuidado de los pacientes diabéticos.

Trabajando de cerca con el Departamento de Salud central buscando alternativas para mejorar los servicios de salud en Dorado, supe que el Sindicato Internacional de las Trabajadoras del Textil "ILGWU" por sus siglas en inglés, les había donado una unidad médica rodante usada. La fui a ver en el estacionamiento del Departamento donde la tenían sin darle ningún uso. Raudo, solicité me la vendieran como estaba para habilitarla. Luego de varios trámites administrativos y legales de rigor, la Unión que la había donado, accedió y el Departamento de Salud se la vendió al Municipio de Dorado simbólicamente por $1.

Con el empeño de hacer la salud accesible a todos, preparamos la unidad médico móvil con el más avanzado equipo, un médico generalista, un dentista, enfermeras y enfermeros, y la convertimos en un impresionante dispensario rodante, único en el país. La sala médica rodante recorría las comunidades y sectores rurales llevando salud gratuita. Los resultados no se hicieron esperar. En los primeros meses se extrajeron sobre mil muelas.

Más adelante, compramos una unidad nueva mejor equipada y pudimos ampliar los servicios que se brindaban a la ciudadanía. Se comenzó a dar tratamiento dental especializado a jóvenes de escuela superior. También se ofrecían clínicas con urólogos, ginecólogos y otros especialistas médicos, y se incorporó un programa de medicina preventiva los fines de semana.

Este innovador concepto de servicios médicos sobre ruedas benefició a todos aquellos que por una u otra razón no podían viajar hasta el centro de salud o carecían de recursos económicos para costear atención médica. Íbamos avanzando, pero teníamos que hacer más. Visitando algunos enfermos en sus casas, me di cuenta de que era necesario que el personal médico llegara a esos hogares. Para mí no era una opción dejar rezagados a los pacientes que no podían trasladarse al centro de salud o a la unidad medico móvil. Simplemente inaceptable.

Recuerdo una señora que visité en la calle Norte del pueblo. Padecía un cáncer terminal. Su hija, quien estaba a su cargo, la medicaba por la mañana antes de irse para el trabajo. Luego, la paciente en tan delicado estado y con dolor quedaba sola sin atención ni medicinas todo el día hasta que la hija regresaba en la noche. ¡Era desgarrador! Esa visita me marcó de forma tal que la tengo grabada en mi memoria como si fuera reciente.

Después de presenciar ese y otros casos tan tristes con mis propios ojos, no podía quedarme de brazos cruzados. ¡Bien dicen que la necesidad es la madre de la inventiva! A través de mi contacto personal con el pueblo yo aprendí de primera mano sobre sus necesidades y pude entonces trabajar con mi equipo en las soluciones específicas para resolver esos problemas.

Así surgió el servicio de ama de llaves para complementar las demás iniciativas de salud. A través de este programa, una enfermera graduada llegaba a los hogares de los pacientes para dar continuidad a los tratamientos: curaciones, suministro de medicamentos controlados, orientación y educación al paciente y la familia. Este programa tuvo una gran acogida y fue de gran impacto en el municipio, más que todo para la población de escasos recursos, algunos postrados en cama, ancianos o limitaciones físicas.

Contratamos más enfermeras y pudimos llegar a más gente. Todo esto revolucionó los servicios de salud en Dorado, y fue tal su efectividad que nuestras iniciativas fueron reseñadas en los periódicos de ese tiempo.

El mejoramiento de la calidad de vida del doradeño era notable, reconocido y emulado a nivel isla. Los notorios adelantos en el área de la salud eran estimulantes. Nos embargaba la alegría al ver que nuestro trabajo rendía buenos frutos y que los servicios médicos se estaban haciendo accesibles a todos por igual.

No pasó mucho tiempo cuando nos dimos cuenta de que los mismos avances y el alza en la demanda de servicios de salud acentuaron aún más el estado obsoleto de la pequeña planta física del hospital municipal. La arcaica e incómoda facilidad hospitalaria había llegado al final de su rendimiento. No daba para más. Así que ese vino a ser mi siguiente proyecto: construir un nuevo hospital.

Sería un nuevo edificio médico-hospitalario; moderno, espacioso, equipado con el mejor personal y maquinaria posible. "Claro que sí.

Inauguraremos nuestro nuevo hospital en sólo un par de años". Eso pensé; no contando con que me tendría que enfrentar a dos implacables enemigos: la burocracia y el factor llamado política.

Para cada gestión que hacía en el Departamento de Salud estatal, me encontraba con un muro de contención. Puerta que tocaba, puerta que me cerraban, pero seguía insistiendo. Al final, la persistencia prevaleció y al menos logramos que se incluyera la construcción del hospital de Dorado en la lista de proyectos para el próximo cuatrienio.

Las elecciones de 1980 trajeron cambio de administración. El Partido Nuevo Progresista asumió el mando del País y el proyecto del hospital de Dorado fue sacado de la lista de prioridades para el cuatrienio. Nos enviaron pa' la cola. Sin otra opción, reemplazamos la persistencia con la paciencia, confiando que en cuatro años más volviera a cambiar la administración.

Cuando el Partido Popular retornó al poder en el 1984, reactivé yo también el cabildeo por la construcción del hospital. El doctor Luis Izquierdo Mora fue nombrado Secretario de Salud y con su ayuda conseguimos la aprobación para la construcción. No fue sino hasta el 1987 cuando por fin se puso la primera piedra del nuevo centro de salud.

Deporte

Mi hermano y yo aprendimos el valor del trabajo desde niños. Nuestros padres nos dieron el mejor modelo de servicio honrado. Ellos siempre laboraron arduo y con dedicación. Y eso nos enseñaron. Siendo adolescentes, Paquito y yo tuvimos nuestro primer trabajo empacando compras en el supermercado llamado Truman en Hato Rey, y ayudábamos en la casa en todo lo que podíamos.

Papi y Mami siempre se esmeraron por suplir todas las necesidades y asegurar nuestro bienestar. Eso incluía vacaciones, diversión y pasar tiempo juntos. Como familia disfrutábamos el deporte. A mí me gustaban todas las ramas deportivas, aun cuando nunca sobresalí en ninguna.

De hecho, ir con papi y Paquito a practicar béisbol en el parque improvisado detrás del aeropuerto de Clara Livingston en los terrenos de Los Cardona, era de mis actividades favoritas. Cuando me vestía con toda la indumentaria de pelotero y caminaba exhibiendo mi gorra y guante de cuero, me sentía como un jugador profesional.

En mi familia éramos grandes fanáticos del béisbol, aunque favorecíamos equipos diferentes. Papi, le iba a los Cangrejeros de Santurce; y Mami, a los Senadores de San Juan. Paquito y yo, aunque sintiendo un poco de culpa por no estar del lado de mami, también preferíamos a los Cangrejeros. Los cuatro íbamos juntos a ver los juegos entre estos equipos eternos rivales. El día del partido, si ganaba Santurce a Mami le tocaba cocinar; y si perdía, le tocaba a papi. Era divertido, pero un asunto que se tomaba en serio. Aun a mi corta edad, podía notar cierta animosidad en la casa, provocada por las emociones que despierta el deporte.

Haber sido maestro de educación física también contribuyó a mi entendimiento de la importancia del deporte en la vida de los pueblos. Cuando llegué a la alcaldía no existía ningún programa deportivo o iniciativa institucionalizada para fomentar las artes. Cero alternativas de actividades extracurriculares para la juventud. ¡Difícil creerlo! Era un serio problema que me propuse resolver de inmediato.

En mis recorridos por el campo en carro o caminando, veía a niños y jóvenes jugar baloncesto con un canasto improvisado clavado en árboles de panapén. Otros jugaban béisbol en parques también improvisados dibujando las bases con tiza en las calles más anchas o las que no tenían salida. Mi equipo de trabajo tenía instrucciones de darles a esos futuros deportistas las herramientas necesarias para su sano desarrollo.

Cuando descubríamos estos casos, le regalábamos bolas nuevas y canastos, y preparábamos una media cancha o mini parque en algún lugar adecuado en el vecindario mientras construíamos algo permanente en una localidad conveniente que sirviera a toda la comunidad.

En el pueblo habíamos habilitado un gimnasio que, debido a la rápida acogida que tuvo entre la juventud, se nos quedó pequeño. Para tratar de acomodar la creciente demanda, ampliamos las facilidades, equipamos con la mejor maquinaria del momento y contratamos al señor Lalo Medina como director. La gran fama y reputación de Lalo como entrenador de campeones mundiales de boxeo, entre los que se cuentan El Chapo Rosario y Luvy Callejas, funcionó como un imán.

El gimnasio se pasaba lleno a capacidad. Hubo un despertar en la juventud no sólo hacia el boxeo sino hacia otras disciplinas deportivas.

Era para todos muy inspirador tener a ambos, El Chapo y a Luvy entrenándose en nuestras facilidades. Junto a Lalo, estos campeones sirvieron de modelo para la juventud.

Anexo al gimnasio justo al frente de la plaza pública hicimos construir una cancha de baloncesto bajo techo. Su conveniente localización propiciaba su uso para otras actividades tales como conciertos, graduaciones y presentaciones en general.

Coliseo Municipal

El competitivo equipo de baloncesto de primera categoría que teníamos en Dorado nos fue de motivación para construir una facilidad de baloncesto que substituyera la vieja cancha bajo techo que estaba frente a la plaza pública. A un costo aproximado de 1.5 millones de dólares, el coliseo municipal de unos veinte mil pies cuadrados se inauguró a finales de 1983. Una moderna, cómoda y espaciosa cancha con capacidad para unas tres mil personas, equipada con camerinos, duchas, gradas, tablero electrónico y estacionamiento.

Poco después de inauguradas las nuevas facilidades, el conjunto de baloncesto se desintegró, sin embargo, otras ligas de baloncesto surgieron en Dorado, no nos desanimamos. Contratamos a Tito Ortiz, jugador estrella retirado del baloncesto profesional los Vaqueros de Bayamón, para que diera clínicas de baloncesto a niños y jóvenes de Dorado.

A través de Tito, hicimos arreglos para que Los Vaqueros realizaran sus prácticas en el Coliseo de Dorado. Esto tuvo un resultado muy positivo. Los jóvenes se entusiasmaban más con el deporte y tenían la ventaja de conocer en persona y compartir con jugadores profesionales a quienes luego veían jugar en televisión y leían de su desempeño en los periódicos y revistas.

Estas facilidades también se usaban para otros eventos deportivos como voleibol y tenis, al igual que para actividades culturales y recreativas para disfrute de todos los ciudadanos de Dorado y visitantes.

Expandiendo el deporte

Desde que miraba la cobertura en los medios noticiosos sobre los Juegos Panamericanos de 1971 que se celebraron en Cali, Colombia, me había hecho de la idea de ir en persona a los Juegos de 1975 a apoyar los deportistas boricuas. Primero, habían anunciado a Santiago de Chile como ciudad sede, pero por problemas financieros, el país suramericano tuvo que ceder la oportunidad de ser anfitrión.

Se mencionó que estaban considerando a San Juan de Puerto Rico y São Paulo, Brasil como sede. San Juan declinó y optó por continuar los preparativos para ser la sede en 1979, como estaba planeado. São Paulo, aceptó, pero tampoco fue posible celebrar allí los juegos. A sólo diez meses de la fecha de apertura se desató un brote de meningitis que prácticamente aisló São Paulo. La ciudad de México entonces ofreció salvar la situación y así vino a convertirse en la sede de los Juegos Panamericanos de 1975.

Por asuntos de mi calendario como alcalde, a unas semanas de los juegos me vi obligado a desistir de la idea de viajar. No tardé mucho en volver a cambiar mi decisión. A escasos tres días de la ceremonia inaugural de los juegos en la ciudad de México, recibí una llamada de Fortaleza invitándome a formar parte de la delegación que estaría acompañando al gobernador Rafael Hernández Colón. Entusiasmado, acepté. Luego resultó que quien terminó cancelando fue el Gobernador. A último momento tuvo que excusarse y no pudo viajar a México.

Una vez llegué al Distrito Federal, me trasladé al Hotel Palace donde se hospedaban los directores de la delegación de Puerto Rico. En el recibidor del hotel me encontré con varios amigos, entre ellos, José E. Arrarás, Ruth Fernández y Arturo Carrión.

Al asistir a las actividades deportivas, de inmediato quedé impactado con la camaradería que los atletas de distintos países intercambiaban, lo que pude comprobar a través de las dos semanas que duraron los juegos. Verlos compartir mientras cenaban o salían juntos hacia las prácticas era refrescante. ¡Cómo si procedieran del mismo lugar! Las diferencias no contaban y eso me marcó. Fue como experimentar un receso de la agria tirantez del lado malo de la política, la cual muy a mi pesar era parte de mi diario vivir.

El viaje, además de expandir mi visión sobre la universalidad del deporte y llevarme a soñar sobre cómo implementar eso en mi pueblo, me brindó grandes satisfacciones. Una de ellas, ser testigo de cómo una ciudad con voluntad y trabajando unida pudo brillar como anfitriona de las delegaciones de 20 países que se dieron cita. Casi sin tiempo para prepararse en lo que tomaría años de planificación y ejecución logística, los hermanos mejicanos dieron cátedra de organización y servicio.

También, tuve la oportunidad de conocer a Mario Moreno mejor conocido como Cantinflas, no como artista, sino el ser humano. El querido comediante, como demostración de su gran afecto y agradecimiento por Puerto Rico, nos ofreció una recepción de bienvenida en su residencia. Fue una velada única. ¡Y yo que ni pensaba ir al agasajo! ¡Gracias a Ruth Fernández que me insistió! Fue sencillamente inolvidable.

Ese año, ganamos 10 medallas (3 de plata, 7 bronce), pero para el pueblo de Puerto Rico, todos los atletas que nos representaron fueron medallistas. El orgullo patrio, la pasión por nuestra tierra, la afirmación de nuestra idiosincrasia, son vibrantes elementos que convergen donde quiera que nos representa un(a) deportista. Así que, qué bueno cuando ganamos alguna competencia, pero si así no fuera, como quiera salimos victoriosos.

En el avión de regreso a Puerto Rico, recuerdo que comencé a hacer apuntes sobre una idea. Quería hacer en Dorado una actividad deportiva similar a lo que había presenciado en México. Por supuesto, en menor escala, pero replicando el mismo espíritu unificador del deporte que no es aminorado por el sentido de competencia.

Mi mente no paraba. Sabía que ese viaje había generado en mí un proyecto de envergadura y no descansaría hasta ponerlo en marcha. Cuando el avión aterrizó en Isla Verde, yo tenía una libreta casi llena de notas con el plan imaginario de lo que serían nuestras olimpiadas.

Nacen Las Olimpiadas del Plata

Don Eugenio Guerra, consultor en el municipio en asuntos deportivos, fue la primera persona a quien divulgué el plan que había nacido de mi viaje a México. Le expliqué que se trataba de una iniciativa deportiva para unir algunos de los municipios cercanos al nuestro geográficamente. Enseguida establecimos un comité de trabajo local para darle forma al asunto. Recuerdo que el primer punto de discusión fue cómo íbamos a decidir a cuáles municipios invitar.

Acordamos que lo más democrático era dejar que la madre naturaleza hiciera el escogido. Usamos el río La Plata como criterio y nos enfocamos en los pueblos que lo compartíamos o que estábamos en esa vecindad: Aibonito, Cayey, Cidra, Comerío, Naranjito, Toa Alta, Toa Baja y Dorado.

En un ambiente donde todo era visto a través de ideales político-partidistas, el río La Plata fue el agente neutralizador que mejor promocionó la verdadera identidad imparcial y unificadora del deporte. ¡No podíamos pedir más! Los alcaldes de los pueblos invitados fueron muy receptivos al concepto que le presentamos y se entusiasmaron con el proyecto.

Parte fundamental del plan era que las olimpiadas rotarían de municipio de año en año y que los demás pueblos apoyarían al municipio anfitrión. Dorado sería el anfitrión inicial pero las subsecuentes olimpiadas se decidirían por sorteo.

Los líderes de deportes de cada municipio participante se integraron al comité organizador. Se escogieron los atletas y se entrenaron. Fuimos a las escuelas a promover las Olimpiadas. Reclutamos edecanes, atletas, maestros de educación física, voluntarios e integramos a la comunidad.

La Cruz Azul de Puerto Rico respondió desde el sector privado con auspicios para costear algunos de los gastos. Juntos, trabajando a todo vapor, se instituyeron los cuerpos regulatorios para llevar a cabo eliminatorias y garantizar la transparencia y autenticidad de los procesos. La estructura que culminaría con la celebración de las primeras Olimpiadas del Plata se puso en marcha. Todos los aspectos logísticos como transportación, comidas, facilidades deportivas, hospedaje fueron cuidadosamente planificados.

En el 1978 se celebraban las primeras Olimpiadas del Plata en Dorado. Las hileras de guaguas escolares con el nombre de su municipio de procedencia, estacionadas a lo largo de las facilidades deportivas en Dorado daban indicio de la hermandad entre pueblos. ¡Fue muy emocionante! Una actividad deportiva sin precedente y un éxito de magnitudes inimaginables.

Las Olimpiadas del Plata vinieron a ser uno de los eventos deportivos más esperados en toda la isla. Por diez años consecutivos, municipios alineados en la ribera del río La Plata se pasaban la antorcha anfitriona para fomentar y celebrar el deporte.

Dorado sirvió como anfitrión una segunda vez. ¡Qué regocijo grande! Fue abrumador atestiguar que lo que había comenzado como una idea en

México hacía más de una década, ya era una tradición exitosa, probada, muy esperada por todos, y con frutos muy positivos para beneficio de toda la juventud. Fue una celebración que aprovechamos para también rendir honor a los deportistas ya retirados, algunos fallecidos; mientras recordábamos su desempeño en el deporte local e internacional. Tomás Palmares y Nolín Maldonado merecen mención especial.

Fue muy gratificante que la juventud aprendiera sobre las hazañas sobresalientes de los que compitieron antes que ellos, pioneros que pavimentaron el camino para las nuevas generaciones de deportistas. El éxito de las Olimpiadas del Plata no pasó inadvertido. El gobierno central se interesó en el modelo y a través de su Departamento de Recreación y Deportes lo adoptó para implementarlo a nivel isla, pero algunos años después lo dejaron caer.

Pequeñas Ligas Béisbol

El deporte siempre fue una prioridad en mi agenda como alcalde. Era parte integral del desarrollo de la niñez. Para cuando comencé en la alcaldía, la 'Little League' (Pequeñas Ligas), organización fundada en 1939 en Williamsport, Pennsylvania, ya había establecido capítulos en algunos pueblos de Puerto Rico. Dorado no era uno de ellos. Bajo la dirección de Carmelo Ramos y Ángel Concepción, nos dimos a la tarea de organizar el nuestro. Luego de completar los trámites de afiliación con la *Little League,* comenzamos a formar equipos de béisbol de todas las edades en cada barrio.

Otra vez, integramos a la comunidad en el esfuerzo, padres, maestros, entidades cívicas y el sector privado. A través de los años, organizamos coloridas inauguraciones y otras actividades alusivas al béisbol. Los equipos de las pequeñas ligas son desde entonces parte del desarrollo de muchos niños en Puerto Rico. Y no solo de ellos, sino de sus familiares, quienes fielmente apoyan los juegos a través de toda la temporada.

Se dice que el béisbol es el deporte nacional de Puerto Rico, y para nosotros en Dorado era un asunto de todos los días. Los parques de pelota eran como extensiones de los hogares. No pasaba un fin de semana en que los fervientes fanáticos no siguiéramos nuestro equipo a cualquier pueblo de la isla donde les tocara jugar.

Era un ambiente familiar donde niños y grandes encontraban no sólo entretenimiento y diversión, sino también disciplina, y en muchos casos oportunidades educativas y carrera profesional. La cantera de peloteros profesionales que dio Dorado para el mundo fue como si Dios nos reconociera el extraordinario esfuerzo, recursos y dedicación que invertimos en el deporte: Ónix Concepción, Carmelo Martínez, los hermanos Orlando y José 'Chico' Lind, Edgard Martínez y los también hermanos Cheo, Bengie y Yadier Molina, por mencionar algunos.

A nivel isla, la gama de grandes peloteros es inmensa y necesitaría un libro solo para hablar de todos ellos, entre los que se encuentran, Juan Igor González, Rubén 'El Indio' Sierra, Carlos Delgado, Bernie Williams, Sandy Alomar, y Carlos Baerga. Y cómo no voy a mencionar el regocijo que le ha dado Edgar Martínez a nuestra amada isla en el año 2019, al completar el quinteto de puertorriqueños en el Salón de la Fama del Béisbol. Los otros cuatro de nuestros peloteros que ya habían alcanzado el más alto prestigio de las ligas mayores en Cooperstown fueron Roberto Clemente, Orlando 'Peruchín' Cepeda, Roberto Alomar e Iván Rodríguez. ¡Orgullo nuestro!

"Hijos de Dorado"
En la Casa del Rey en Dorado, construida en el año 1823 y que era la antigua guarnición española, aparecen desde la izquierda: Edgar Martínez, Orlando Lind, José "Chico" Lind (de pie), Dickie Thon, el alcalde de Dorado, Alfonso López Chaar "Papiño", Ónix Concepción y Carmelo Martínez. Los jugadores de béisbol fueron homenajeados por Papiño.

Foto Doel Vázquez, El Reportero (Sin Fecha)

¡Gracias muchachos por su dedicación y por ser ejemplo a nuestra juventud! A todos ustedes, los felicito por sus logros y mi agradecimiento por haberle dado honra a Dorado y a Puerto Rico a través de su excelencia en el deporte. Me siento muy orgulloso de ustedes. Gracias por pavimentar el camino para las futuras generaciones de deportistas no sólo en la isla sino en el mundo entero.

Nuestros niños pueden practicar desde edad muy temprana un deporte en el que han sobresalido y que le ha traído tanta gloria a Puerto Rico. Así establecimos en Dorado un exitoso programa de pequeñas ligas que continúa funcionando hasta hoy y del que siguen saliendo jugadores estrella de fama mundial.

Igualmente, creamos programas para niños y niñas de baloncesto, pista y campo, boxeo, voleibol, natación, tenis y otras disciplinas deportivas. Y lo hacíamos con un equipo de titanes decididos a crear oportunidades para la juventud, entre ellos Ángel Concepción, líder recreativo y Cheo Sevillano, quien fuera nuestro Director de Deportes, al igual que otros comprometidos con nuestros jóvenes. Era un deber darles las herramientas necesarias para desarrollarse física y mentalmente sanos; una misión que no tomábamos a la ligera.

Arte, Cultura, Recreación y Entretenimiento

Comenzamos un programa extracurricular de dibujo y pintura en el pueblo bajo la dirección de Taly Rivera, un destacado artista doradeño. Luego, se añadieron maestros como Luis Raúl 'Pichilo' Nieves entre otros, y se llevó el programa a los barrios.

Pensando en expandir el programa de arte y cultura, se me ocurrió contactar al profesor de la Universidad de Puerto Rico Sony Rivera, quien había pintado un mural en la Parada 18 en Santurce. Surgió que él estaba interesado en continuar pintando murales en otros pueblos, pero no contaba con los recursos económicos para hacerlo. Entonces llegamos a un acuerdo. Él con sus estudiantes de la UPR harían el trabajo de murales en Dorado y yo les facilitaría pintura, equipo y andamios. Así nos conocimos y comenzamos una fructífera relación de trabajo y larga amistad.

Tiempo después, Sony fue nombrado por el gobernador Romero Barceló a dirigir el Instituto de Cultura y acepto. Para cuando decidió concluir su trabajo en el Instituto, yo lo contacté de nuevo para que fuera el Director de Arte del Municipio. Con Sony a la cabeza, agrupamos dibujo y pintura con Taly, y arqueología bajo Hernán Ortiz y su esposa Petri Camacho; teatro con Laura Iglesias, y bailes folklóricos bajo Awildo Luna. En música, contábamos con el profesor Alí Rivera a cargo del coro, la rondalla y la banda municipal.

En mi administración, la niñez y a la juventud eran prioridad. Pusimos en ello todo nuestro empeño. Siempre entendimos la magnitud y alcance que podían tener nuestras iniciativas y de cómo serían impactados favorablemente, no sólo los recipientes directos de los servicios, sino sus familias extendidas y la comunidad en general. Fueron programas de arte que produjeron resultados inimaginables en una generación que cambió el curso de Dorado. Atestiguamos cómo niños y niñas se convertían en jovencitos y jovencitas con aspiraciones profesionales ante las oportunidades de educación y superación que muchos de sus padres nunca tuvieron.

Podría enumerar cantidad de ejemplos de muchachos y muchachas que se beneficiaron de nuestros programas de arte y se convirtieron en profesionales, gente productiva, ciudadanos ejemplares. Fue muy emotivo para mí el que algunos esos mismos jovencitos y jovencitas vinieron eventualmente, ya siendo profesionales, a formar parte de mi equipo de trabajo en la alcaldía. Entre estos estuvo Jaime Toro, quien comunicó por escrito lo que el programa de música que creamos en el municipio significó para él.

"Este programa de música iniciado por Papiño se caracterizaba por ser muy organizado y dirigido. Se les proveía transportación municipal a los estudiantes para regresarlos a sus hogares en las distintas comunidades rurales, luego de finalizado las clases y ensayos. Y el mismo Papiño, independientemente de sus múltiples compromisos ejercía mucha supervisión directa al programa. Por otro lado, se nos proveyó de uniformes, y se diseñó y se construyó una tarima especial desmontable para las presentaciones de la Rondalla.

La inauguración de la Nueva Rondalla Municipal de Dorado, compuesta de sobre sesenta estudiantes que proveníamos tanto de la zona del pueblo como de los distintos barrios fue un evento hermoso, maravilloso e inolvidable, celebrado en la cancha bajo techo que se localizaba al lado de la escuela elemental Jacinto López Martínez. La iniciativa del joven alcalde doradeño, logró crear una organización musical integrando a los niños de todas las áreas de su pueblo en un propósito común. En un ambiente sano, y de descubrimiento y desarrollo de nuestros talentos y habilidades. En la Rondalla Municipal, no solo aprendimos de música, sino que también aprendimos a reconocer y valorar unos principios básicos importantísimos para nuestra formación como hombres y mujeres de bien para nuestra sociedad. Estos son: el sentido de responsabilidad, el ser disciplinado, el compañerismo, el servicio, el saber seguir instrucciones, el trabajar en equipo y el liderato". (Toro, J. - Documento completo aparece en la sección de anexos).

Cabe mencionar que décadas después de la Rondalla Municipal, Jaime ya graduado de la universidad, ocupó una posición de oficial de finanzas en el municipio de Dorado bajo mi administración. Él y muchos y muchas jóvenes más son frutos de nuestro esfuerzo. Son evidencia de que lo que invertimos en nuestra juventud, sumado al ejemplo que les dimos como servidores públicos, los estimuló a superarse y también a reciprocarle al país convirtiéndose en profesionales y ciudadanos ejemplares.

La Casa del Rey y el Teatro Juan Boria

Teniendo en cuenta que el desarrollo de Dorado y la conservación de su patrimonio no se excluían mutuamente, en mi forma de hacer gobierno le dimos prioridad a la preservación de lugares históricos, promover la cultura y cuidar de nuestros recursos naturales. Estaba muy consciente de la responsabilidad que como líder yo cargaba de proteger la esencia e identidad que ha asentado como pueblo desde su fundación.

Teníamos una deuda con nuestros antepasados. De ellos habíamos heredado los cimientos sobre los que entonces seguíamos construyendo. Era nuestro deber administrar bien el presente y procurar invertir en lo que dejaríamos para los que vendrían después de nosotros.

Fueron muchas las propiedades que adquirimos para ampliar los servicios que ofrecíamos a la ciudadanía. Entre ellas, hubo dos estructuras de gran importancia que nos propusimos adquirir, las cuales vinieron a formar parte del portafolio patrio colectivo de Dorado y de Puerto Rico.

La Casa del Rey, monumento histórico. Mientras hacía investigación en internet para escribir este libro, corroboré que en efecto en el 1989 la Casa del Rey fue incluida en el Registro Nacional de Lugares Históricos del Servicio de Parques Nacionales del Departamento del Interior de Estados Unidos. *(9)* Y no era para menos!

Constructed as a parador, or inn, about 1823, Casa del Rey, the "King's House," provided housing for Spanish government personnel. The building, the oldest in the town of Dorado, also served as the regional military headquarters. In 1848, Jacinto López purchased the structure; in converting it into a residence, he added two wings which created a U-shaped configuration around an interior patio. In 1871, Casa del Rey became the home of Manuel Alonso y Pacheco-- Puerto Rico's notable romantic writer.

Casa del Rey, restored and now a museum, is located at Calle Méndez Vigo #292 in Dorado, Puerto Rico. The museum is open 8:00am to 4:30pm, Monday-Friday. Call 787-796-1030 for further information.

Source: U.S. National Park Service. https://www.nps.gov/nr/travel/prvi/pr26.htm

Construida como un parador o posada, alrededor del 1823, la Casa del Rey, proveyó hospedaje para el personal del gobierno español. El edificio, el más antiguo del pueblo de Dorado, también sirvió como cuartel militar regional. En el 1848, Jacinto López compró la estructura, y convirtiéndola en residencia, añadió dos alas que crearon una configuración en forma de U alrededor del patio interior. En 1871, la Casa del Rey vino a ser la residencia de Manuel Alonso y Pacheco, destacado escritor romántico puertorriqueño.

La Casa del Rey, ahora restaurada es un museo, localizado en la Calle Méndez Vigo #292 en Dorado, Puerto Rico. El museo está abierto de 8:00am a 4:00pm de lunes a viernes. Para más información, llamar al 787-796-1030.

Indudablemente, ésta es una reliquia patrimonial de nuestro pueblo, y a la que me une un vínculo muy personal: fue el lugar donde mi papá nació y de donde guardo hermosos recuerdos de infancia. Durante el tiempo que esta propiedad perteneció a la familia de papi por parte del patriarca de los López, este lugar era de mucha actividad, no sólo familiar sino también de pueblo debido a tres principales razones: céntrica ubicación en la calle principal del pueblo, el aljibe que proveía su preciado líquido a la comunidad, y por último, el espíritu de servicio al prójimo que caracterizaba a los López. La propiedad pasó luego a otros dueños.

Recuerdo con claridad que siendo un niño a veces estaba con papi en la Casa del Rey y veía como llegaba gente para llenar sus envases en el aljibe. Hasta tuve una foto en mi poder que me fue tomada cuando era pequeño con papi en el patio interior y con el aljibe y la verja de fondo. Lamentablemente, no encuentro la foto ahora.

Para cuando vine a ser alcalde, la propiedad estaba desocupada y tras hacer gestiones con los dueños herederos, el municipio la pudo comprar. Con la asesoría del Instituto de Cultura de Puerto Rico, la restauramos y la reabrimos como museo con oficinas para albergar el Departamento de Arte y Cultura de Dorado.

Estoy seguro de que muchos desconocen la historia que guarda esta obra de arquitectura estilo español militar neoclásico. Según los registros disponibles, esta fue construida durante las primeras décadas de los años 1800 como una hospedería militar española. El predio de tierra, ideal por su elevación, resultaba conveniente para mantener el personal seguro fuera del área inundable en el área llanera de Toa Baja.

Para cuando Dorado se fundó oficialmente en el 1848, don Jacinto López Martínez compró la Casa del Rey. Seis años antes, había sido el mismo Jacinto López Martínez, en su capacidad de Sargento de Armas, quien le había peticionado al gobernador español de Puerto Rico, Santiago Méndez Vigo, que se estableciera el municipio de Dorado. Una vez establecido Dorado como ayuntamiento, fue precisamente Jacinto López su primer alcalde. Así que se puede decir que la Casa del Rey y la historia de Dorado están entrelazadas en su fibra.

El Teatro Juan Boria. Esta otra propiedad inmueble de vasta historia, que ubica justo frente a la Casa del Rey, había estado clausurada por años. Para las postrimerías del siglo XIX albergó una escuela para niños, y entrado el siguiente siglo fue convertido en un pequeño teatro que vino a ser uno de los pocos centros de entretenimiento en el pueblo.

En el mismo se presentaban compañías de variedades, magos y titiriteros. También servía como sala de cine donde mostraban películas de vaqueros y servicio matiné los domingos. Una vez eliminaron el cine, usaron el local para ubicar el departamento de servicio social, y luego lo dejaron desocupado.

Este proyecto vino a ser uno de suma importancia para todos. Nuestro empeño en adquirirlo fue para restaurar la estructura y reconstruir el teatro preservando su exquisita arquitectura española original. Y eso fue precisamente lo que logramos. Fue una construcción compleja y de muchos detalles, pero muy gratificante. ¡No pudimos haber quedado más satisfechos con el producto final! Quedó hermoso por fuera y por dentro. El techo interior era madera tallada a mano -una verdadera obra artesanal- y amueblamos el auditorio principal con sillas de madera y paja tejida.

Alistamos el nuevo teatro con un sistema de luces y sonido de vanguardia y los mejores artefactos audiovisuales de entonces. Los palcos los habilitamos con sillas mecedoras de paja y otras piezas de época que resemblaban la historia antigua que habíamos prometido replicar.

Completar esta misión fue equivalente a restaurar una antigua obra de arte; ponerle nombre fue más fácil. Los miembros de la asamblea municipal, unánimes, votaron a favor de bautizar el remodelado teatro con el nombre de Juan Boria, declamador de poesía afrocaribeña, oriundo de nuestro pueblo y reconocido internacionalmente. Cuando lo llamé por teléfono para comunicarle la noticia de que el teatro llevaría su nombre fue motivo de gran alegría para ambos. No sabría decir cuál de nosotros dos estaba más emocionado.

La noche de la inauguración en septiembre de 1984 fue una muy memorable que atesoro hasta hoy. El pueblo estaba de fiesta, celebrando en vida a uno de nuestros más grandes artistas exponente de la poesía negroide con un edificio para el disfrute y orgullo de todos y más importante, una obra de arte arquitectónica que como un testigo silencioso heredarían las futuras generaciones. En esa ocasión le rendimos a Juan Boria, El Faraón del Verso Negro, los honores que hacía ya tiempo con su talento, trayectoria y elegante humildad, él había ganado.

TEATRO
JUAN BORIA

DORADO

2   SABADO 10 DE NOVIEMBRE DE 1984 - EL REPORTERISMO

Historia del teatro Juan Boria

En la carretera PR-165, a la entrada de Dorado, se levanta majestuoso el nuevo teatro Juan Boria.

Tal vez para la juventud que se levanta y para aquel que no conoce la historia y el significado de este teatro, pasará como una obra de gobierno más del alcalde de Dorado Alfonso López Chaar. Sin embargo, tanto el nombre como la historia de ese teatro es significativa.

Comenzaremos diciendo que el predio donde está hoy día ubicado el mencionado teatro, era propiedad de doña Marcelina de Martorell, quien a su muerte legó la propiedad a uno de sus ahijados.

El ahijado vendió el local al gobierno provisional de Puerto Rico, en el año 1880 y se construyó una escuela para niños de "Primera Categoría".

En el 1919 don Pedro López Camino y su esposa, adquirieron la propiedad mediante subasta. Allí se instaló un pequeño teatro de variedades. Desde ese momento acudieron a Dorado las compañías de variedades y

Sus butacas son el paño rojo

buenos cubanos, magos y prestidigitadores y titiriteros.

En el 1928, se inició el teatro oficialmente con cine "mudo". Las pianistas acompañantes del teatro fueron: la Srta. Mercuria Guzmán y Dominga López, quien acompañaba la película de pedales.

El cine hablado comenzó cerca de 1931. El nombre oficial del cine era "Teatro Juana de Arco", ya que fue la primera película documental histórica que fue presentada en dicho teatro.

No fue hasta hace un año que el actual Alcalde de Dorado y su Asamblea Municipal accedió a restaurar el mencionado teatro para presentar obras teatrales, renovando así aquel espíritu de ayer y la afición al teatro por parte del pueblo. Se le dio el nombre de uno de los hijos ilustres de Dorado, Juan Boria, declamador de la poesía negroide que ha logrado gran prestigio para su pueblo y para la isla de Puerto Rico en y fuera de la misma.

Juan Boria, un nombre que merece llevar este teatro.

EL REPORTERO / SABADO 10 DE NOVIEMBRE DE 1990 3

López Chaar habla sobre el teatro

Mensaje del Alcalde

El quehacer cultural en Dorado ha sido intenso y productivo. Hemos vivido momentos de grandes emociones en el Carnaval del Plata, hemos compartido la alegría del Festival Navideño y de las Fiestas de la Cruz hemos apreciado su profundo espíritu cristiano. Para dedicarnos a promover y fomentar aspectos de nuestra cultura no han existido barreras que no hayamos saltado.

Primero fue la Casa del Rey con su historia y sus recuerdos. Ahora nos toca honrar un Hijo de Dorado que ha llevado su arte a todos los rincones del país. Con la inauguración del teatro Juan Boria, cumplimos un compromiso dual; proveer un lugar donde la familia pueda reunirse para disfrutar de una buena función y hacerle el reconocimiento en vida que Juan Boria se ha ganado.

Juan Boria es tan nuestro como lo es el teatro que lleva su nombre. Haciendo buen uso de este teatro y conservándolo en óptimas condiciones es una forma de decir al Faraón del verso negro que le queremos y le respetamos.

Alfonso López Chaar

Recreación
Descubriendo Talento

Llevábamos concursos para descubrir nuevos talentos a todos los barrios, residencial público y otras áreas del pueblo. Estos eran muy esperados y concurridos por toda la ciudadanía, en particular por la juventud.

Cine Ambulante

¡No de balde dicen por ahí que la necesidad es la madre de la inventiva! Cuando me enteré de que los cines de Levittown en el municipio vecino Toa Baja, cerrarían operaciones, hice gestiones para comprarles la máquina de proyectar las películas. Ya teníamos un programa de cine que corríamos con un proyector casero. Hacía tiempo que planeábamos implementar un cine rodante con el que pudiéramos llevar películas a los diferentes sectores de Dorado, pero debido a la limitación de fondos, estábamos a la espera de la oportunidad correcta. ¡Y cuando llegó no la dejamos pasar!

Adquirimos los proyectores y enviamos personal a entrenarse en cómo operarlos, aun antes de que tuviéramos las pantallas. Para eso, recurrimos otra vez al ingenio. Tomamos lonas viejas del cuadrilátero que estaba en el gimnasio y las convertimos en pantallas para poder proyectar las películas en los parques de pelota. El cine rodante fue un éxito total.

Parquecito del Avión

Un día estando en el aeropuerto Luis Muñoz Marín, noté unos aviones viejos que estaban almacenados en unos hangares. Hice mis averiguaciones y supe que le había sido embargados a sus dueños. Me vinieron a la mente los niños y niñas de Dorado que nunca habían tenido la experiencia de subir a un avión. "Si llevamos uno de estos aviones a Dorado...", pensé, "al menos le daríamos la oportunidad de ver de cerca cómo son".

Por casualidad, unas semanas después me encontré a mi amigo Tony Santana hablando con el señor Guillermo Vals, Director de la Autoridad de los Puertos, en la playa del Hotel Dorado Beach. Sin pensarlo dos veces me les acerqué, les expliqué la idea y pregunté si podían venderle uno de aquellos aviones al Municipio.

El Director de Puertos muy amablemente me dijo que iba a hacer las gestiones para indicarme si era posible. Tony, por su parte, se ofreció a que, si se daba la transacción, él se encargaría de arreglar el avión de gratis para contribuir al proyecto de llevar esa experiencia a los niños y niñas de Dorado.

Pasados algunos meses, pudimos cumplir con todos los requerimientos y compramos el avión. Llegó el día de transportar la nave del aeropuerto en Isla Verde a su nueva casa: El Parquecito del Avión el sector en el pueblo. Una facilidad recreativa que construimos con pista para correr, áreas verdes para relajarse y un amplio pabellón abierto para actividades.

¡Qué proyecto fue transportar esa aeronave por tierra hasta Dorado! Con una brigada de voluntarios, en su mayoría empleados del municipio donando su tiempo, Manuel (Chichío) Canino y Charlie de Jesús, se encargaron de la logística de mover el avión por el tramo de 36 millas. Nos tomó sobre 12 horas hasta llegar al parquecito. En el pueblo todo era algarabía.

Cuando arribamos la gente emocionada esperaba en las calles para ver el avión pasar. Lo inauguramos un Día de Reyes. El Vicealcalde, Frank Cardona, se disfrazó de piloto y la Directora de Programas Federales del Municipio, Yolanda Vélez, se vistió de azafata. Los niños subían al avión, se les mostraba la cabina y bajaban con sus regalos del Día de Reyes en mano. Fue muy emocionante ver a familias enteras disfrutando y los rostros alegres de los más pequeñitos. ¡Mágico!

Estrenan avión en Dorado

DORADO — El alcalde Alfonso López Chaar (Papiño) se dirige a los "pasajeros" del avión DC-3 que su municipio convirtió en centro de diversión de niños y jóvenes, durante la inauguración del nuevo Parquecito Central de Dorado. Decenas de ni-ños y jóvenes inauguraron el avión, en una simpática actividad en que el Alcalde también los obsequió con golosinas y artículos de recuerdo.

FOTO EL MUNDO/ Vicente Grandi.

¿Espejismo o realidad?

A ver, aquí todo es posible. Inclusive que un avión transite por el Expreso De Diego. ¿Cóóómo? Pues sí, este avión bimotor transitaba ayer como cualquier otro vehículo por el expreso mientras era conducido hacia Dorado. Allí será una de las atracciones en un parque que se inaugurará el domingo.

SAN JUAN — El Departamento de Salud endosó totalmente la creación de un sindicato de participación compulsoria para la suscripción de Seguros de Impericia Médica Hospitalaria, por considerarlo el mecanismo más adecuado para resolver en forma eficaz el problema surgido con los seguros de responsabilidad profesional médico-hospitalaria.

Por su parte, durante las vistas públicas de la Comisión Senatorial de Gobierno, la Asociación Médica de Puerto Rico afirmó que

Para el parquecito de Dorado

SAN JUAN — Lo que aparenta ser un "aterrizaje forzoso" en la Avenida De Diego en Santurce no es otra cosa que el traslado de un viejo avión DC-3 desde el Aeropuerto de Isla Verde hacia el Parquecito Central del Municipio de Dorado. El alcalde Alfonso López Chaar, quien aparece al lado del avión, informa que el Parquecito Central será inaugurado el próximo domingo y para la ocasión este avión tendrá azafatas y pilotos reales. (Foto cortesía de Lou Alers).

Y si hablamos de celebración del Día de Reyes y de momentos mágicos, no puedo dejar de mencionar el memorable concierto de la agrupación Menudo que hicimos realidad en Dorado en el 1985 para deleite de todos nuestros niños y niñas. En un día de tan arraigada tradición y festividad para todos los puertorriqueños, Menudo fue el espectáculo perfecto. Siendo en ese entonces la agrupación más famosa en Latinoamérica, llegaron fanáticos de la isla entera.

Parta tal ocasión, tuvimos que construir el escenario para el espectáculo en el techo de lo que era el gimnasio municipal muy cerca de la casa alcaldía y la plaza pública, y las calles del pueblo fueron el auditorio. Los gritos de la histérica multitud validaban las reseñas mediáticas mundiales que comparaban el grupo Menudo con los Beatles. Menudo fue un verdadero fenómeno musical y orgullo de todo Puerto Rico.

Fiestas Patronales

En junio de 1973, a sólo cinco meses de haberme inaugurado como alcalde de Dorado, celebramos las fiestas patronales en honor a San Antonio de Padua. Y como dicen por ahí, ¡Tiramos las puertas por las ventanas! A través de los diez días de actividades, el pueblo y los que nos visitaban de toda la isla y del exterior, participaban de las misas y otros eventos religiosos que se llevaban a cabo.

Las celebraciones incluían actividades para todos los gustos y edades: Machinas, kioscos donde se vendían las sabrosas frituras y refrigerios, las tradicionales picas, artesanías, entretenimientos, desfiles y reinados.

Presentamos espectáculos gratuitos con los mejores y más aclamados artistas. Ese primer año, tuvimos en Dorado a la vedette de América Iris Chacón con sus candentes bailes. La muchedumbre que llegó ese día a la plaza pública desde tempranas horas de la tarde fue descomunal. Muchos se subieron a las ramas de los árboles y allí esperaron con paciencia hasta que el espectáculo dio comienzo cerca de las nueve de la noche. Los que estaban en sus carros, estancados en el tráfico optaron por dejar sus vehículos e irse a ver a La Chacón. ¡Era tanta la gente aglutinada!

Cuando llegó la hora de comenzar el espectáculo no encontrábamos cómo hacer para que Iris pudiera llegar desde la casa alcaldía hasta el escenario que estaba ubicado en medio de la plaza. Tuvimos que cargarla elevada sobre nuestros brazos y así fue como pudimos pasarla por el medio del gentío hasta la tarima. Atestiguamos esa noche a todo un pueblo unido, desbordado en emoción y euforia por una de sus artistas favoritas. Fue un evento sin precedente.

Año tras año, la selección de artistas que se presentaba durante los diez días de las fiestas patronales incluía a los más aclamados del patio. Entre ellos, Danny Rivera, Chucho Avellanet, Lucecita Benítez, Ednita Nazario, Nidia Caro, Gilberto y Glen Monroig, Yolandita Monge, y Wilkins, por mencionar algunos. No sólo los shows eran esperados; también los bailes. Traíamos a las primerísimas orquestas de Puerto Rico y del exterior.

Con el coauspicio de American Airlines, fuimos el primer municipio en traer a la Guarachera de Cuba Celia Cruz desde Estados Unidos sólo para presentarse en nuestras fiestas patronales. A los salseros los poníamos a bailar con el mejor repertorio: La Sonora Ponceña, Pete el Conde, Oscar de León, Bobby Valentín, Frankie Ruiz, Cheo Feliciano, Roberto Rohena con su Apollo Sound, Willy Rosario, La Mulenze, entre muchas otras orquestas. Como tradición Rafael Ithier con sus Mulatos del Sabor, El Gran Combo de Puerto Rico, cerraban las fiestas el domingo, haciendo la clausura doblemente especial ya que coincidía con la celebración del Día de los Padres.

Nuestras fiestas patronales fueron extraordinarias. Dorado fue pionero en traer a la plaza pública espectáculos artísticos completos, originalmente montados para presentarse en salas de arte, hoteles, coliseos y estadios; shows que consistían en compleja escenografía, coreografía y efectos de luces. Y lo hicimos con excelencia. No fue por casualidad que nuestras fiestas patronales vinieron a ser unas de las más exitosas y concurridas en todo Puerto Rico.

A continuación, algunos fragmentos del programa de las fiestas de 1973, mi primer año como alcalde.

ESTADO LIBRE ASOCIADO DE PUERTO RICO

Gobierno Municipal

DORADO, PUERTO RICO

INVITACION

AL PUEBLO DE DORADO Y PUEBLOS LIMITROFES

El entusiasta pueblo de Dorado se prepara para celebrar con gran regocijo sus tradicionales Fiestas Patronales en honor al Excelso Patrón San Antonio de Padua.

Durante los diez (10) días que nuestro pueblo se vestirá de gala y habrá sana diversión para grandes y chicos.

Espero que este año mis compueblanos y los amigos de los pueblos limítrofes gocen a plenitud de las festividades. Por tal motivo no he escatimado en contratar las mejores agrupaciones del momento y los mejores intérpretes de la radio y la televisión del país.

Me siento muy contento de poder invitarles para que estén con nosotros durante estos diez días.

Los espero.

ALFONSO LOPEZ CHAAR
Alcalde

JUNIO 8 - VIERNES

Dedicado a nuestros amigos de los vecinos pueblos de Toa Baja, Vega Alta, Cataño, Bayamón y Toa Alta.

8:00 A.M.	Alegre Diana recorrerá las calles del pueblo
7:00 A.M.	Misa en la Iglesia Católica
12:00 M.	Salva de Cohetes inicia la Fiesta
4:00 P.M.	Rotura Piñata – Payaso Piruli
7:00 P.M.	Misa y Novena en la Iglesia Católica
7:30 P.M.	Proclama de la Reina y entrega de la Llave Simbólica de la Ciudad por el Alcalde
8:00 P.M.	Monumental Show a cargo del cantante mejor cotizado del momento: Danny Rivero
9:00 P.M.	Fuegos Artificiales
9:00 P.M.	Gran Baile con los Apolo Sounds

CORTESIA DE

MUEBLERIA HERNANDEZ

JORGE T. HERNANDEZ
CALLE INDUSTRIA #19
DORADO, P.R.

JUNIO 9 - SABADO

Dedicado con todo cariño a los Doradeños radicados en la ciudad de New York y New Jersey

8:00 A.M.	Alegre Diana recorrerá las calles del pueblo
5:30 A.M.	Misa en la Iglesia Católica
12:00 M.	Salva de Cohetes Bomba
6:00 P.M.	Show Infantil con el Payaso Piruli
7:00 P.M.	Misa y Novena en la Iglesia Católica
8:00 P.M.	Show de la orquesta Vedette puertorriqueña Iris Chacon
9:00 P.M.	Baile a 2 Orquestas: Sabor d eNacho y Nelson Avilés

CORTESIA DE

TEL. 784-2154
784-1001

Sabana Seca Country Club

Ms. Martínez Place
Sabana Seca, P.R.

Con la Vedette de América, la gran Iris Chacón – 9 de junio de 1973

Fiestas de Cruz

Conocidas también como los Rosarios de la Santa Cruz, eran originalmente reuniones religiosas que se realizaban en algunas casas para rezar los rosarios en forma cantada. Bajo mi administración, los convertimos en un evento cultural del pueblo. Cada año durante el mes de mayo construíamos un altar de flores frente al municipio. Carmen Cardona estaba a cargo con un grupo de otros doradeños, entre ellos: Bacho y Ramona, Julia Oquendo, doña Eulalia, doña Bone, Carmita Maldonado, Bonifacio, Cayita, Chón y Andrés tocaban las guitarras.

Siempre he respetado la tradición religiosa de cada uno y eso se reflejó en mi trabajo. Mi administración estuvo a la disposición de los diversos líderes religiosos de todas las denominaciones. Yo celebraba reuniones con ellos, no para hablar de religión sino para escuchar sus inquietudes y opiniones sobre cómo continuar mejorando la calidad de vida de la ciudadanía. Nuestras conversaciones se daban en un ambiente familiar de respeto que todos apreciábamos.

Carnaval del Plata

Antes de mi administración, de vez en cuando alguna gente del pueblo organizaba una especie de pequeño carnaval y vestían uno o dos vejigantes y el personaje llamado "Muerte en Cuero". Nosotros lo institucionalizamos y lo establecimos como una gran celebración de tres días cada año.

Para el colorido Carnaval del Plata contábamos con la coordinación de Teresa de Jesús. Adán Rosario preparaba las caretas. En adición, nos ayudaban los hermanos Ángel y Esteban Acevedo (este último el papá nuestra estimada Pirina). Los también hermanos Gilberto y Ramón de la familia de Los Floreros y otros jóvenes del pueblo se vestían de vejigantes y Puya hacía el personaje de la muerte en cuero.

El Carnaval del Plata se convirtió en uno de los más vistosos y aclamados en la isla. Decenas de vejigantes, comparsas, llamativas carrozas, reinados, desfiles, comidas típicas y música hacían de esta una actividad cultural para disfrute de todos. Y no sería nuestro carnaval si la comparsa no estaba animada por nuestra querida Cristina "Cristoque" Andino y Enrique "Quique" Santiago Santana, talentosísimo modisto, diseñador, inigualable imitador de La Lupe y también aficionado al análisis político. Ambos entrañables buenos amigos míos y conocidos por todos.

Centros Comunales y Capacitación Vocacional

Hicimos de los centros comunales localizados en todos los barrios lugares de servicio donde la gente podía ir tanto a educarse como a entretenerse. Bajo la dirección de Milagros Pina, ofrecíamos clases de repostería, cocina y floristería. Éste fue un proyecto bien significativo. Familias enteras acudían a las clases y luego con mucho orgullo se graduaban juntos celebrando sus logros y exhibiendo sus propias confecciones. Para ampliar la variedad de cursos, compramos hornos y otros aparatos necesarios para la confección de cerámica artesanal. La acogida a este programa fue masiva y los resultados extraordinarios. Todavía hoy me llegan noticias de algunas personas que fueron estudiantes de nuestros cursos de repostería, quienes hicieron carrera en ese campo profesional y algunos hasta son dueños de sus propias empresas.

Centro Servicios Personas Edad Avanzada

El respeto y la admiración que siempre he sentido hacia las personas de la edad de oro me llevaron a buscar alternativas para beneficiar a ese sector. En Dorado teníamos una vibrante población de ancianos. Hombres y mujeres ya retirados, saludables, alegres, y llenos de vida que merecían nuestra atención.

A principios de mi administración pudimos identificar unos fondos federales para establecer un centro de envejecientes. Lo establecimos en la calle Sur en el pueblo. La acogida fue tal que poco después lo mudamos a una propiedad más grande en el barrio Mameyal.

En el centro se les preparaba agenda de actividades que incluía comidas, manualidades, juegos y excursiones a otros pueblos de la isla en un autobús asignado de forma exclusiva para transportar los participantes del programa. Más importante aun, la salud de los envejecientes era atendida por médicos y nutricionistas especializados en geriatría.

Edificio Centro de Gobierno

Este fue uno de los primeros proyectos que comenzamos a encaminar tan pronto fui inaugurado como alcalde en el 1973. La anterior administración ya había clausurado, demolido e inhabilitado lo que fue el cementerio que ubicaba en un lote de terreno en la calle Méndez Vigo. Nos dimos a la tarea de planificar una construcción que viniera a ser una inversión para el municipio y que produjera beneficios tangibles para todos, en la forma de una obra permanente que perdurara para disfrute de generaciones futuras.

En ese tiempo, a los residentes de Dorado se les hacía muy difícil poder realizar gestiones en oficinas gubernamentales, como energía eléctrica, acueductos, servicios sociales y otros, ya que tenían que viajar a las oficinas regionales localizadas en pueblos vecinos. Con el fin de facilitar que los ciudadanos tuvieran acceso a servicios gubernamentales bajo un mismo techo, firmamos acuerdos con las agencias estatales para que abrieran sucursales en Dorado.

Ese era el plan para el edificio que denominamos Centro de Gobierno. Una vez terminada la estructura de dos pisos y sótano con modernos espacios para oficinas y estacionamiento, nos dispusimos a ocuparlo con sucursales de servicio según los acuerdos firmados.

Muy a nuestro pesar, en lo que vino a ser una historia repetitiva y que afectaba de forma adversa nuestro progreso, cuando pasaron las elecciones y surgió el cambio de administración, las agencias estatales no honraron el acuerdo de ubicar oficinas en Dorado. Como plan alternativo, donamos espacio a la biblioteca municipal para que se mudara del local pequeño que entonces ocupaban y pudieran ampliar los servicios y extender los horarios. Otra parte del edificio la alquilamos a entidades del sector privado, entre ellos, un banco, oficinas médicas y otros.

Pasado un tiempo, la Autoridad de Energía Eléctrica, el Departamento de Hacienda y la Autoridad de Acueductos y Alcantarillados decidieron establecer oficinas en el Centro de Gobierno.

Vivienda

Recorrer el municipio entero durante la campaña me dio la oportunidad incomparable de conocer de cerca la condición de las viviendas en cada rincón. Luego, ya siendo alcalde, mis visitas sorpresa a ciudadanos en sus hogares completó el cuadro de información que faltaba para tener un perfil claro de la necesidad de vivienda en Dorado.

Era obvia la precaria situación en que se encontraban muchas de las estructuras residenciales en especial las de personas de mayor edad y escasos recursos económicos. Construcciones deficientes y carentes de servicio sanitario eran comunes; algunas sólo contaban con una letrina en el patio. Era un cuadro que contrastaba dramáticamente con el progreso que ya se apreciaba en algunos sectores del municipio. Y eso me molestaba sobremanera.

En el casco del pueblo, recuerdo los casos de Doña Eulalia, Necú y Lelé. Tres ancianas, cuyas familias son de las fundadoras de Dorado. No hacía sentido que unos quedaran tan rezagados como si estuvieran excluidos de los avances y mejoras del modo de vida en general. ¡Inaceptable! Fue así como nació el proyecto de reparación de viviendas.

Yo sabía de la existencia de fondos federales para propósitos de mejoras de viviendas, pero no teníamos el conocimiento técnico necesario para solicitarlos ni el personal para hacerlo. Contraté a la licenciada Berta Estades, quien había trabajado en el Departamento de la Vivienda estatal y se especializaba en programas federales. Con Yolanda Vélez, directora de Sección 8 del Municipio, quien ya se había entrenado en *Farmer Homes* sobre los procesos de solicitud de fondos para reparar residencias de envejecientes, capacitamos el personal para identificar y solicitar los fondos.

Realizamos un estudio para seleccionar los casos más meritorios. Asistíamos a los ciudadanos con todo lo concerniente a sus solicitudes, poner en orden la extensa lista de documentos requeridos y someterlos a las oficinas de *Farmer Homes Administration*.

Más adelante, identificamos fondos federales de forma directa, sin la intervención de FHA y logramos conseguir otros programas para construcción de viviendas. Con el fin de lograr una distribución de ayuda lo más uniforme posible, diseñamos el modelo de una residencia de madera de una habitación con un baño de concreto. Fueron cientos las residencias que pudimos reparar en el pueblo y sus barrios.

Es meritorio mencionar el residencial público de Dorado y reconocer a las familias de esa vecindad. ¡Mi gente del caserío! Esta comunidad que ubica en el centro del pueblo era y sigue siendo orgullo nuestro. En el 1987 fue reconocido por el departamento de vivienda federal con el "Presidential Award" otorgado al mejor residencial de Puerto Rico. Dirigidos por un comité de ciudadanos, los residentes fueron premiados por sus esfuerzos de embellecimiento y ornato para mantener el residencial limpio y en óptimas condiciones, y por su participación en iniciativas para mejorar todos los aspectos de vida de los vecinos.

Fue precisamente en el caserío donde iniciamos un programa novel de reciclaje de desperdicios sólidos. Con la participación de las familias del residencial, revolucionamos el sistema de recogido de basura. Eliminamos los tradicionales zafacones de concreto que eran foco de contaminación. En su lugar, establecimos un itinerario de recogido de basura en que los residentes sacaban la basura de sus apartamentos al mismo momento en que personal de saneamiento pasaba recogiendo. Así evitábamos que los desperdicios se acumularan en las residencias o en las áreas verdes que se usaban para asueto, juegos y diversión.

Hicimos arreglos con la fábrica Playtex que ubicaba no muy lejos del caserío para que les donaran unas máquinas de coser al comité de residentes. Estos planeaban crear una cooperativa que coordinaría de clases costura y otros programas de capacitación.

Educación

Para atacar el problema de desempleo entre la juventud, determinamos que lo mejor que podíamos darle eran las herramientas para que se prepararan y pudieran competir por un espacio en el campo laboral. A través del Departamento de Educación estatal, establecimos en Dorado un currículo preparatorio para tomar el examen de cuarto año (equivalente a escuela secundaria).

Empleados del municipio, como voluntarios, se prepararon como facilitadores de las clases e iban a los barrios a enseñar. Una vez los estudiantes completaban las clases preparatorias, los llevábamos al Departamento de Educación en San Juan a tomar las pruebas. Fueron cientos los graduados que luego prosiguieron estudios post secundarios.

En el municipio también nos encargábamos de proveer transportación a los estudiantes de escuela secundaria desde sus respectivos barrios hasta la escuela superior José S. Alegría en el pueblo.

Para ello, contábamos con una flota de autobuses escolares, choferes y también mecánicos para su mantenimiento, todo con el apoyo del Departamento de Educación.

En adición, nos encargábamos de la limpieza y ornato de los alrededores de las escuelas y atendíamos los problemas de aguas estancadas en los planteles y otros servicios sanitarios.

Biblioteca

Dorado Community Library fue uno de esos proyectos que nos enseñó que cuando hay voluntad, aun con pocos recursos, si se unen esfuerzos, se puede lograr mucho.

Para el año 1973 en Dorado había dos bibliotecas; cada una sin vínculo con la otra. En el pueblo teníamos una pequeña que operábamos como una división más del municipio, bajo la dirección de la señora Rosa Marrero. La otra biblioteca estaba ubicada en la urbanización Dorado del Mar; una organización sin fines de lucro que dirigía la señora Jane Stern.

Siendo yo alcalde, la señora Stern solicitó reunirse conmigo. Yo no la conocía. Sólo había escuchado hablar de ella durante el tiempo en que yo trabajaba en el hotel Dorado Beach y ella era una de las residentes de los terrenos aledaños al hotel.

El día de la reunión la señora Stern llegó a mi oficina y luego de presentarse y estrechar mi mano, enseguida me preguntó con un marcado acento: "¿Usted habla inglés?" A lo que yo respondí, "Un poquito. Y usted, ¿habla español?" Y ella me contestó "Un poquito." Entonces le dije, "Pues con su poquito y mi poquito creo que nos podremos entender." Reímos y la tensión que pudiera haber por la barrera del idioma desapareció.

Sin perder tiempo la señora Stern me hizo un breve recuento de la historia de la biblioteca de Dorado del Mar, los servicios que ofrecían y los planes para el futuro. Y yo pensé, 'Así mismo es que yo quisiera que funcionara la biblioteca del pueblo.' Luego, me explicó la razón que la traía a mi oficina. Tenían que desalojar el local que ocupaban y ella quería plantearme la posibilidad de que le pudiéramos ceder un espacio en nuestra biblioteca del pueblo.

La visita de la señora Stern no pudo ser más oportuna, pues me motivó a atender la apremiante necesidad de expandir la biblioteca municipal. Se me ocurrió que uniéramos ambas bibliotecas. Decirlo fue fácil, pero llevarlo a cabo no fue tan simple. El proceso conllevó intensas discusiones con miembros de la asamblea municipal quienes se resistían a ceder nuestro modesto inventario de libros a la nueva biblioteca.

Una vez aprobado en la asamblea, la fusión tuvo lugar. El municipio les cedió espacio para las facilidades en la pequeña biblioteca que teníamos, una bibliotecaria y el presupuesto para operaciones. Así nació la *Dorado Community Library*. Una biblioteca que vino a ser modelo en todo Puerto Rico.

Contábamos con un vasto inventario de libros y otro material literario, programas de préstamo de libros, equipo audiovisual, centro de lectura y un grupo de voluntarios. Más adelante, para cuando inauguramos el Centro de Gobierno, la mudamos allá. En el nuevo y espacioso local ampliamos tanto los servicios que ofrecíamos como los horarios. Convertimos la biblioteca en una entidad educativa de primera, no sólo por los estudiantes, sino por usuarios de todas las edades que se beneficiaban de los servicios que allí se ofrecían, incluyendo clases de computadora y de inglés.

Centros Head Start

Para finales de la década de los 70, establecimos en Dorado los primeros cinco centros Head Start con matrícula de 75 niños y niñas de edad preescolar provenientes de familias de bajos recursos económicos. Este programa federal fue de mucho éxito en Dorado.

Reconociendo nuestra sobresaliente manera de administrar los fondos Head Start, según las auditorías que nos realizaba el gobierno federal, nos premiaban aumentándonos los fondos que nos asignaban a través de los años. Pudimos abrir un centro preescolar en cada barrio y en el pueblo con una matrícula aproximada de 300 niños y niñas.

Empoderamiento

Yo siempre he sido favorecedor de que la participación ciudadana sea requisito en cualquier proyecto de mejoras a las comunidades. En mi visión de avance, el concepto de "hagamos" en lugar de "les voy a hacer" siempre fue determinante para lograr el progreso real colectivo del pueblo.

Por ende, cada vez que venían ciudadanos o grupos a verme para plantearme necesidades en sus vecindades, era mi práctica general preguntarles: ¿cómo ellos entendían se podía atender la situación? ¿cuáles recursos ellos tenían para aportar? y les solicitaba un plan de acción para asegurar continuidad y mantenimiento de la iniciativa.

Para manejar con eficiencia las peticiones de servicios por parte de los ciudadanos, establecimos un sistema de seguimiento y control de calidad. Todas las solicitudes se hacían directamente en mi oficina. Eran debidamente registradas y distribuidas por el director de obras públicas quien a diario me daba un informe del curso de cada petición. Entonces de mi oficina se contactaba al ciudadano quien había originado la solicitud para comunicarle el progreso realizado, conocer su nivel de satisfacción y, más importante, asegurar el compromiso y plan para el mantenimiento de la obra realizada por parte de la comunidad.

Ya fuera que se trataba de construir o mejorar facilidades deportivas, educativas, programas de adiestramiento, limpieza y ornato o de otra índole, el envolvimiento ciudadano lo hacía más viable. A la misma vez, se promovía el sentido de pertenencia y compromiso con el mantenimiento y la conservación de sus comunidades. Esta fue una fórmula ganadora en la cual todas las partes eran beneficiadas.

En esta misma línea de proyectos comunitarios, antes de dejar la alcaldía de Dorado, comencé unos proyectos de murales y paisajismo en las entradas de los barrios y sectores para identificar cada comunidad con su nombre y lema clave que caracterizaba cada área. Comenzamos con la comunidad de San Carlos en Higuillar. Allí arreglamos las calles, el centro comunal, la cancha de baloncesto, el parque de pelota y acondicionamos y limpiamos toda la comunidad.

El día que hicimos entrega simbólica de la comunidad a la junta de directores vecinales que los residentes habían creado, les dimos máquina de cortar grama, carretillas y otras herramientas necesarias para que ellos pudieran darles mantenimiento a las facilidades y promover así su conservación.

Acondicionamiento Físico y Nutrición

Yo siempre he tenido el hábito de ejercitarme físicamente y cuidar mi peso. Conociendo el problema de obesidad y de hipertensión en

Puerto Rico, implementé un programa entre los compañeros de trabajo en la alcaldía basado en una dieta balanceada, incorporar actividad física y monitorear el peso.

Para ello, buscamos la ayuda de una nutricionista del Departamento de Agricultura federal que nos ofrecía unas charlas y sugería dietas que se ajustaban a los distintos casos de obesidad que teníamos en el municipio.

Después de horas laborables, hacíamos caminatas juntos. Nos pesábamos todas las semanas, y como incentivo el que perdía más peso era premiado con dos días libres, viernes y lunes, con cargo a sus vacaciones para hacer un fin de semana largo. Este fue un programa muy exitoso que nos ayudó a todos a crear más conciencia sobre su salud y la importancia de ejercitarse regularmente. Para motivarlos, a veces yo pasaba por las oficinas a la hora del almuerzo para ver qué estaban comiendo y en broma me decían "mira, todos estamos comiendo ensalada por tu culpa."

Una de las iniciativas que propuse a la asamblea municipal temprano en los años setenta -y que no me la aprobaron- fue la de prohibir el fumar en edificios públicos en Dorado. Hoy en día, como todos sabemos, ésta se ha convertido en una práctica común en muchos países desarrollados.

Dorado - Cuidad Más Limpia de Puerto Rico

Nuestra dedicación y esmero con los más altos estándares de limpieza y ornato en el municipio de Dorado nos hizo recipientes del reconocimiento de la Junta de Calidad Ambiental como *La Ciudad Más Limpia de Puerto Rico*. De hecho, este fue el lema por el que se referían a nuestra ciudad en toda la isla. Fue un premio producto del arduo y dedicado trabajo a nivel municipal que envolvió a toda la ciudadanía.

Limpiamos a Dorado y lo embellecimos para que brillara tanto como su nombre. La siembra de árboles, plantas y grama fue parte clave de este esfuerzo. Con empleados pagados por el programa Derecho al Trabajo del gobierno central, formamos una brigada dedicada que realizó un excelente trabajo en el mantenimiento de las áreas verdes, siembra de árboles, plantas, grama y ornato en general. Eran tantas las órdenes de árboles que pedíamos al Departamento de Recursos Naturales estatal, que cuando ya no nos pudieron despachar las cantidades que necesitábamos decidimos crear nuestro propio vivero.

Compramos nuevos camiones de recogido de basura para formar una flota con capacidad de servir eficazmente a todo el municipio en el manejo y disposición de desperdicios sólidos. Se reclutó más personal y se le dio el adiestramiento y equipo necesario. También reparamos el vertedero municipal para optimizar su capacidad y eficiencia. Todo eso fue importante, pero nada hubiera sido efectivo si no se educaba a la ciudadanía.

El problema de la basura no es exclusivo de los trabajadores que se encargan de recogerla. Es un problema de todos; desde el más pequeño hasta el más anciano. Por eso establecimos una campaña de educación masiva a los efectos de concientizar sobre el manejo correcto de los desperdicios sólidos.

Comenzamos llevando charlas a las escuelas sobre la limpieza y la importancia de cuidar el ambiente. Distribuíamos literatura educativa, afiches y otro material promocional impreso para hacer de la limpieza una misión que todos compartíamos en la que cada uno tenía responsabilidad.

En ese tiempo, surgió la campaña nacional *Enceste* auspiciada por V. Suárez y Compañía. Su presidente, don Diego Suárez, al ver lo que estábamos haciendo en Dorado, facilitó que nos uniéramos en el esfuerzo. Así incorporamos iniciativas de la campaña nacional a la nuestra en el municipio. Yo no perdía un momento para hablar de la importancia de tener a Dorado limpio.

Algunos nos criticaban y decían que lo hacíamos por los turistas que venían a los hoteles Cerromar y Dorado Beach. ¡Nada más lejos de la verdad! Con coraje les contestaba que era para nosotros, los que teníamos el privilegio de vivir en Dorado, que no merecíamos menos, y para que fuéramos ejemplo al resto de la isla. Dio resultado. La gente se unió y juntos trabajamos para tener el pueblo más limpio de Puerto Rico.

No cesábamos de trabajar. Adquirimos camiones nuevos adicionales y barredoras mecánicas que sólo las tenía San Juan. A todos los esfuerzos le integrábamos las calcomanías del conejito distintivo de la campaña *Enceste* para siempre tener la misión de la limpieza vigente y enlazar nuestros esfuerzos con el mismo mensaje de forma uniforme y consistente. En adición, reforzábamos con actividades alusivas, tales como premios en las escuelas más limpias y caminatas para recoger basura en todas las comunidades.

Dos sábados al mes llevábamos a cabo una campaña de limpieza. Mi esposa Erica, a quien todos cariñosamente llamamos Ricki, me acompañaba junto a un nutrido grupo de empleados del municipio, tanto personal administrativo como de campo, quienes cedían de su tiempo libre para esta causa, y otros voluntarios. Caminábamos diferentes sectores recogiendo la basura tirada en las calles. Durante los recorridos, también se recogían chatarras grandes abandonadas como vehículos, enseres eléctricos, muebles y otros.

La mejor manera de comunicar un mensaje es a través del ejemplo. Así que yo era el primero que me tiraba a limpiar las calles. La comunidad se nos unía. Los vecinos agradecidos, nos traían almuerzo y otros refrigerios. Trabajábamos duro bajo el candente sol, pero el apoyo de los vecinos hacía la diferencia. Nos traían jugos naturales del país, meriendas y hasta almuerzo. Un menú que nos encantaba comer cuando descansábamos en alguna marquesina era arroz blanco, corned beef y panapenes. Todo en un ambiente de familia.

Más adelante, le pusimos micrófonos a los camiones de limpieza. Nuestro Juan Boria, primerísimo declamador de la poesía negroide, oriundo de Dorado, gentilmente nos grabó un mensaje motivando a la comunidad a participar limpiando a Dorado. Sandra Zaiter, animadora de televisión de programas infantiles, quien había sido seleccionada conmigo como joven destaca del año y residía en Dorado, también grabó un mensaje. Asimismo, el comediante Horacio Olivo y otros prominentes doradeños. Siempre buscábamos la manera de mantener la campaña de limpieza viva y a los ciudadanos activos participando en ella.

Los resultados de nuestros esfuerzos fueron notorios. La mejoría en todo lo concerniente a lo ambiental era obvia. De hecho, para febrero de 1977 fuimos premiados por la agencia federal para la protección ambiental, EPA por sus siglas en inglés: A Diego Suárez, como presidente del Programa *Enceste*, por su liderazgo en organizar e implementar programas públicos educativos para mejorar la calidad del ambiente en Puerto Rico. Y a mí me reconocieron por mi liderazgo desarrollando e implementando programas de manejo de desperdicios sólidos en mi gestión como alcalde.

El triste problema de los perros realengos era muy serio en toda la isla y para cuando asumí las riendas del municipio en Dorado teníamos ese problema también. Muy lamentablemente al día de hoy continúa siendo un problema pese a las muchas iniciativas educativas en torno a éste. Esperemos que la juventud y las generaciones por venir sigan creando conciencia y promoviendo la erradicación del maltrato de animales.

Como alcalde, establecí un programa para atender esa situación. Empleados fueron entrenados en el recogido y manejo de animales abandonados, y procuramos educar al pueblo en cuanto a mascotas, trato y bienestar.

Al dejar mi posición, había diecisiete camiones para el servicio de recogido de basura, cinco ambulancias, un vehículo colectivo al servicio de los ciudadanos para llevarlos a sus citas médicas, la exitosa unidad médico-móvil, dos camiones tanque para servicio séptico, entre otros que formaban la flota vehículos de obras públicas y salud. Los programas de servicios a envejecientes, ama de llaves, capacitación ocupacional, embellecimiento y ornato, deportivos, entretenimiento, arte y cultura, reparación de viviendas e infraestructura, entre otros quedaron sólidamente establecidos y operando exitosamente para beneficio de toda la ciudadanía.

Planificación, Infraestructura y Desarrollo Económico

Como es de conocimiento general, Puerto Rico recibe millones de dólares en transferencias federales. Esas asignaciones presupuestarias llegaban de diferentes maneras: pagos individuales, directamente a las agencias estatales y por bloques a los municipios. Dentro de este último, mientras fui alcalde, Dorado procuró fondos para obras de infraestructura y mejoras capitales.

Se entiende que estas fuentes de gran beneficio para los ayuntamientos a su vez representan una responsabilidad para los alcaldes en términos de administración pública. Cuando comencé mi gestión como alcalde, Dorado era famoso por tener hoteles como Dorado Beach y Dorado del Mar a lo largo de su bella costa. Inclusive, el hotel Cerromar en Vega Alta, nuestro municipio vecino, era asociado en toda la isla con Dorado.

Esa particularidad y también la construcción de la extensión del Expreso Las Américas hacia Arecibo fueron determinantes para el desarrollo de nuestra zona. Sin lugar a dudas, la extensión del Expreso Las Américas que hasta los 80s llegaba hasta Toa Baja le dio un gran impulso no sólo a Dorado sino a los municipios del litoral norte.

Dorado continuaba transformándose. El paso del progreso era vertiginoso en extremo. Si permitíamos ese patrón como iba, corríamos el riesgo de que el municipio se dividiera en una región próspera debido a toda la actividad turística, y que la otra quedara rezagada debido a la ausencia de un polo de crecimiento económico.

Siempre creí que el turismo era la llave para el desarrollo económico de Puerto Rico. Esta visión la hice clara en un artículo que escribí para el periódico *El Nuevo Día* en 1991 titulado La Gallinita de los Huevos de Oro. Todavía sigo creyendo que cada vez que maltratamos o desatendemos este sector económico, afectamos irreversiblemente toda la economía de la isla.

Si desarrollábamos el turismo, podíamos fortalecer las arcas del municipio. Por esta razón, decidimos utilizar la disponibilidad de fondos federales para articular un plan de desarrollo equilibrado que incluía todo Dorado.

La mera idea de planificar el futuro del municipio tenía costos en el presupuesto. La planificación municipal requería de una oficina, recursos y toda una nueva mentalidad en los procesos de establecer prioridades desde mi escritorio como administrador y con la asamblea municipal. Pero no sería un gasto, sino una inversión necesaria. Así que asumimos el reto de la planificación de futuro sostenible.

Dorado – Insignia de Planificación

Ante la apremiante necesidad de desarrollar a Dorado de forma responsable y ordenada, entendí que la clave estaba en la planificación. Afortunadamente, conté con el apoyo de un colega visionario que me extendió una mano amiga, el doctor Hernán Padilla, Alcalde de San Juan por el Partido Nuevo Progresista.

Pasadas las elecciones de 1976, el doctor Padilla me invitó a almorzar con su vicealcalde, el licenciado Luis Batista Salas. Compartí con ellos mi experiencia como alcalde durante el cuatrienio 1972-1976 y sobre los planes futuros que teníamos en Dorado. Conversamos sobre la condición de nuestros respectivos ayuntamientos, retos y programas e iniciativas que estaban funcionando bien.

Comprometidos con nuestro trabajo como alcalde, el doctor Padilla y yo auscultamos la posibilidad de colaborar en nuestras gestiones. Esa reunión dio paso a una cordial y duradera amistad (que no es común dentro de la política). Mis respetos y agradecimiento al doctor Padilla por su verticalidad, determinación de poner el bienestar de los sanjuaneros primero, y por dar cátedra de compañerismo aun dentro del tergiversado ambiente político de Puerto Rico.

Para cuando decidí establecer la división de Planificación y Presupuesto en Dorado, el apoyo del doctor Padilla fue vital. Me destacó al subdirector de Planificación del Municipio de San Juan, Jorge Hernández, para que trabajara con nosotros en lo que lo que despegábamos.

Bajo el acuerdo administrativo, Dorado cubría el salario de Jorge, y a cambio se favorecía de su experiencia y conocimiento en la materia de planificación urbana. Nos nutrimos con su asesoría en el colosal proceso de sentar el fundamento de la oficina que diseñaría todos los aspectos del futuro del municipio. Esa fue una inversión que indudablemente redundó en beneficio para Dorado.

Lo primero que hice fue pedirle a la directora de la oficina municipal de programas federales, Yolanda Vélez, que fuera a la Escuela de Planificación de la Universidad de Puerto Rico a identificar estudiantes que estaban por graduarse. La meta era entrevistarlos y seleccionar de entre los más sobresalientes a nuestro director de planificación.

Era un reto. Los recursos financieros eran limitados y el joven seleccionado tendría que aceptar trabajar por un sueldo de $950 mensuales. Entre los jóvenes entrevistados estuvieron Edwin Irizarry Mora (hoy catedrático en el Colegio de Mayagüez y excandidato a la gobernación de Puerto Rico por el PIP), Eddie Rivera Pastor (hoy profesor de economía en la Universidad del Sagrado Corazón) y Carlos J. Guilbe López (hoy catedrático en geografía en el Recinto de Río Piedras de la UPR).

Todos eran candidatos cualificados, por lo que la decisión no fue fácil. Al final, Guilbe fue el seleccionado. Su interés en el sector municipal y haber sido reconocido como el estudiante más sobresaliente de su clase graduanda, le dieron una leve ventaja ante los otros candidatos.

El nombramiento de Guilbe fue anunciado junto con el lanzamiento oficial de la Oficina de Planificación y Presupuesto. Este cometido fue coordinado por una de las asesoras en fondos federales del municipio, la señora Noemí Albelo. Mi idea central fue coordinar la preparación de un plan a nivel de todo el municipio en donde pudiéramos garantizar un desarrollo urbano, económico y social justo y uniforme, y así dimos comienzo.

Dorado 2000

Dorado 2000 era un inclusivo plan de ordenamiento territorial y desarrollo integral del municipio. Este extraordinario plan pretendía posicionar a Dorado como líder en desarrollo económico sostenido, a la vez que salvaguardaba el aspecto histórico e idiosincrático del pueblo, sus recursos naturales y patrimonio cultural.

Estimular al pequeño y mediano comerciante era una prioridad de mi administración. Hombres y mujeres luchadores cuyas familias habían estado en Dorado por generaciones, algunas desde su fundación como pueblo. La meta era facilitar el que los comerciantes pudieran competir en los respectivos mercados que cada uno servía. Mi objetivo como alcalde era, por un lado, propulsar y mantener una economía balanceada en la cual los pequeños comerciantes pudieran conservar su capacidad de generar ingreso. Mientras, por el otro lado, también poder ofrecer a las grandes cadenas comerciales un ambiente favorable para la inversión y creación de empleos en Dorado.

Otra área relevante del plan era el desarrollo de tierras para la construcción de viviendas, hoteles, edificios comerciales, oficinas de gobierno y facilidades deportivas. También, incluía un programa de incentivos destinados a repoblar el casco urbano y hacerlo atractivo a la ciudadanía en general para impulsar el comercio.

O sea, desarrollo responsable, siempre basando proyectos en planificación científica y economía sostenible; iniciativas que redundarían en beneficio no sólo de los ciudadanos del presente, sino de sus hijos y las generaciones futuras. Este incluyó la construcción de dos terminales de carros públicos. Uno que servía el transporte entre Dorado y sus barrios; y el otro, la ruta de Dorado a Bayamón.

Estratégicamente, se construyeron edificios separados para suscitar que el tráfico peatonal entre ambos terminales generara mayor patrocinio al comercio local.

El exhaustivo plan Dorado 2000 se remonta al 1984 cuando le expresé al gobernador Rafael Hernández Colón mi inquietud de preparar a Dorado de cara al nuevo milenio. Me escuchó y me apoyó.

Nuestra decisión fue hacer un tipo de competencia entre firmas de planificación, ingeniería y arquitectura. Recibimos y evaluamos la gran cantidad de propuestas recibidas de compañías de toda la isla. Luego de varias reuniones entre nuestro personal municipal, asesores y consultores, decidimos seleccionar a las firmas *Escala* y *Colsultec* para hacer el Plan Dorado 2000 por $36,000.

La firma de arquitectura Escala era dirigida por Samuel Corchado. La misma se encargaría de todos los aspectos de diseño urbano, arquitectura y usos de terrenos mientras que la firma Consultec se encargaría de los aspectos sobre desarrollo económico y social. Esta firma era dirigida por el economista Luis Rivera. Ambas firmas comenzaron sus trabajos con visitas continuas al municipio, coordinación de vistas públicas y reuniones con las agencias gubernamentales que entendíamos eran importantes en el éxito del plan.

Impartí directrices específicas de escuchar a todos los sectores y considerar las todas las propuestas sin contemplaciones políticas de ninguna índole. Yo estaba claro de que para que el plan fuera exitoso teníamos que dar consideración objetiva a las opiniones, vinieran de donde vinieran.

En una reunión con jefes de agencia en La Fortaleza, presentamos el concepto del plan Dorado 2000. Pudimos entonces integrar al plan lo que cada agencia estatal tenía programado concerniente a Dorado y nos dimos a la tarea de llevar a cabo este transcendental proyecto.

Invitamos a todos los sectores a participar en las vistas públicas. Dorado 2000 no era un plan de un partido ni del otro. Era un plan vanguardista para todos los doradeños que serviría de ejemplo a otros municipios de Puerto Rico y para el gobierno central.

Uno de los elementos fundamentales del plan era mantener a Dorado como alternativa residencial para la creciente clase media profesional que buscaban calidad de vida dentro de la región metropolitana. Nuestra meta era que la gente quisiera vivir en Dorado.

Para lograr este objetivo era importante mantener la limpieza, preservar el ambiente, reducir la criminalidad y más importante atraer el desarrollo de proyectos residenciales y comerciales que generaran ingresos y calidad de vida para el municipio.

Cumpliendo con nuestra promesa de escuchar todas las partes interesadas, viajamos a Chicago para reunirnos con el presidente de la cadena Hyatt a nivel mundial. El sector hotelero estaba preocupado en que, con la implementación del plan, Dorado perdiera sus atributos naturales.

Los representantes de Hyatt expresaron interés de participar en la preparación del plan e inclusive ofrecieron financiar los costos. Ellos querían preservar sus propiedades en el patrón de usos de terrenos como ya estaba establecidos, en donde se mantuviera el ambiente prístino alrededor de los hoteles.

Nuestros técnicos y de asesores entendieron las preocupaciones de los hoteleros, pero rechazamos la ayuda que ofrecieron por entender que había un conflicto de intereses. No íbamos a poner en juego la integridad del plan por ninguna razón, y estábamos determinados a salvaguardar la transparencia fiscal y la credibilidad.

Los comerciantes y residentes de la zona urbana fueron otro sector que mostró mucho interés en la preparación del plan. La calle Méndez Vigo se había convertido en una vía de mucho tráfico que afectaba el área y el turismo. Antes de finalizar el tramo del Expreso de Diego (PR #22), esta calle era utilizada por camiones de carga en rutas desde o hacia San Juan. Arquitectónicamente, esta vía era la fachada del centro del pueblo y requería unas mejoras como parte del proceso de mantener atractivo el casco urbano.

Para esta época los centros comerciales comenzaban a desplazar las áreas tradicionales de espacios de interacción social en muchos municipios de la isla. Teníamos que garantizar que esto no ocurriera en Dorado. Nos aseguramos de incluir en el plan el soterrado de las líneas eléctricas y telefónicas a lo largo de la calle Méndez Vigo seguido por un programa para propiciar el mejoramiento de fachadas de todas las estructuras a lo largo de la calle.

Para este proyecto, intentamos crear una corporación para el desarrollo económico en donde queríamos integrar la banca local y *Small Business Administration (SBA)* con la creación de un programa de préstamos a residentes y comerciantes para mejoras capitales en sus estructuras.

Las zonas inundables eran otro gran reto para el Plan Dorado 2000. La posibilidad de canalizar el río La Plata era una tarea compleja debido a que requería permisos y colaboraciones con el Cuerpo de Ingenieros del Ejército de los Estados Unidos y el Congreso Federal. Cualquier proyecto de canalización podría tomar hasta 25 años. Creamos una partida con un millón de dólares de fondos federales con el propósito de continuar levantando fondos para el proyecto futuro de canalizar del rio.

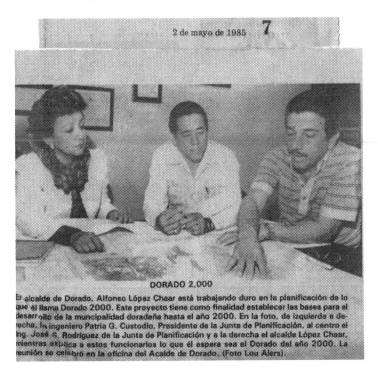

2 de mayo de 1985   7

DORADO 2,000

El alcalde de Dorado, Alfonso López Chaar está trabajando duro en la planificación de lo que él llama Dorado 2000. Este proyecto tiene como finalidad establecer las bases para el desarrollo de la municipalidad doradeña hasta el año 2000. En la foto, de izquierda a derecha, la ingeniera Patria G. Custodio, Presidente de la Junta de Planificación, al centro el Ing. José R. Rodríguez de la Junta de Planificación y a la derecha el alcalde López Chaar, mientras explica a estos funcionarios lo que él espera sea el Dorado del año 2000. La reunión se celebró en la oficina del Alcalde de Dorado. (Foto Lou Alers).

El éxito del plan dependía también del apoyo de las agencias de gobierno. Mis peleas con el ingeniero Darío Hernández eran semanales. El apoyo del Departamento de Transportación y Obras Públicas era fundamental para la construcción y el mantenimiento de la red vial estatal que servía dentro del municipio. Nuestro plan giraba sobre una red nueva de carreteras en todo el municipio. De los diseños preliminares surgió el desvió sur (PR 6693) y las ampliaciones de todas las carreteras dentro del municipio (PR 694, 695 y 696).

Para nosotros era importante mantener las áreas verdes a lo largo de la PR 693 entre el casco urbano hacia los hoteles y crear una nueva entrada desde la misma PR 693 hacia el Expreso de Diego. La red vial programada bajo el plan fue de gran importancia para la ordenación territorial del municipio.

La contaminación visual permanente siempre ha sido algo que he combatido. Entre otras cosas, elaboramos un plan para el control de la rotulación. Pero nuestras luchas con el ingeniero Arana y otros oficiales de la Administración de Reglamentos y Permisos (ARPE) eran continuas. Mientras en el municipio no endosábamos permisos por entender que afectaba nuestro ambiente turístico, el gobierno central aprobaba permisos para actividades en Dorado.

Yo entendía que la preparación de un plan reduciría las tensiones que muchos alcaldes mantuvimos por muchos años contra las agencias estatales que tomaban decisiones sin ni siquiera conocer el impacto sobre nosotros en los municipios.

El Plan Dorado 2000 fue finalizado en 1987. Los documentos dejaron plasmada nuestra visión de Dorado para el nuevo milenio. Cada programa fue evaluado y abierto a discusión. Las obras públicas fueron presentadas a las agencias gubernamentales y toda la comunidad tenía una idea de hacia dónde debería moverse el municipio en las próximas décadas. La aceptación del Plan Dorado 2000 fue tan significativa que el mismo candidato a la alcaldía de Dorado por el Partido Nuevo Progresista (PNP) en las elecciones de 1988 expresó públicamente que su propuesta de plataforma incluía implantar el Plan Dorado 2000.

En Dorado optamos por la planificación responsable e invertir nuestros recursos en lugar de meramente gastarlos. Desarrollo y progreso sostenible para disfrute de todos era nuestro lema. Demás estaría decir que fue de gran satisfacción que el Plan Dorado 2000 vino a ser el modelo de planificación inclusiva municipal que fue utilizado como base en la redacción de la Ley de Municipios Autónomos del Estado Libre Asociado de Puerto Rico en 1991.

Este fue un proyecto de inmensas proporciones y repercusiones en toda la isla. Para tan trascendental gestión, no pude haber contado con mejor planificador que el doctor Carlos Guilbe, en la actualidad catedrático de la Universidad de Puerto Rico.

Dorado - Orgullo de Puerto Rico

Mientras fui alcalde de Dorado ese era mi único proyecto. Yo respiraba Dorado. Soñaba Dorado. Cada mañana me despertaba pensando en nuestro amado pueblo, la gente y su bienestar. Creo que hasta dormido yo trabajaba. Cada noche, al retirarme a descansar, solía dejar mi grabadora portátil en la mesa de noche. Muchas veces despertaba en la madrugada con alguna idea; la grababa y me volvía a dormir. Cuando viajaba, ya fuera por asuntos oficiales o de vacaciones, estaba atento a lo que veía en el extranjero, siempre pensando cuáles cosas podía implementar en Dorado.

Una vez de visita en Canadá me llamaron la atención unas preciosas canastas de flores que usaban para decorar los zafacones y los postes del tendido eléctrico. Así iba tomando ideas de cosas que podía incorporar a nuestro plan para mejorar a Dorado en todos los aspectos. Era un trabajo de veinticuatro horas al día.

Con cada año que pasaba, mi compromiso de servirles se fortalecía más. Día tras día, junto a mi equipo de incansables colaboradores, trabajábamos arduamente en el fin común de darle a Dorado el mejor futuro posible. Los frutos de nuestro esfuerzo eran palpables. La obra se veía; se disfrutaba. Dorado se distinguía como una ciudad ejemplar por su limpieza ambiental, transparencia administrativa, arte, cultura, y excelentes programas de salud, deportivos y recreativos.

Ya antes detallé lo que logramos en esas y otras áreas y también en planificación. En esos y muchos aspectos llevamos a Dorado a la delantera de la gran mayoría de los municipios de la isla. De ser un pueblo pequeño y rezagado, lo posicionamos como uno vanguardista, visionario y de progreso comparable al de grandes ciudades, tanto en Puerto Rico como en el exterior.

Dorado - Mi Familia Extendida

Ser alcalde era como parte de mi persona. Se me hacía tan natural que me es difícil explicarlo. El pueblo entero me dejó sentir que me habían injertado en su núcleo familiar y se dio una relación genuina de respeto y confianza. Como que quedó sobre entendido que mi misión era hacer bien al municipio y convertir a Dorado en una ciudad ejemplar, y que para lograrlo necesitábamos trabajar en armonía. El pueblo se enlistó conmigo en el cometido y me dio su apoyo dejando a un lado las preferencias político-partidistas de cada uno. El cariño era mutuo.

Para mí era común caminar las calles temprano en la mañana, saludar a la gente y sentarme en algún balcón a tomar café o disfrutar un vaso de maví bien frío cuando el calor acechaba. Conversar con Lolo en la fonda de la esquina cerquita de la alcaldía mientras almorzaba la deliciosa comida que Flora preparaba era como estar en la casa de mis tíos; en familia.

Yo tenía un chofer asignado, pero me gustaba manejar cada vez que tenía la oportunidad y llegar sin aviso a los proyectos que estuviéramos llevando a cabo: centros comunales, el hospital, parques de béisbol o canchas de baloncesto, o el garaje municipal donde manteníamos nuestra flota de vehículos para ver con mis propios ojos como andaban las cosas, siempre buscando como mejorar lo que hacíamos.

Pasaba bastante tiempo transitando las calles tanto del casco urbano como de los barrios. En esos trayectos hacía mis visitas impromptu. Lo mismo paraba un rato en algún bembé de plena improvisado con los Caíto o descansaba en una hamaca en alguna casa en Mameyal, o comía una piragua del carrito de Carmelo en la calle Norte, o me iba a los campos y allá me regalaban panapenes recién cortados del árbol y frutas frescas. Y es que yo no fui un alcalde encerrado en cuatro paredes. Me gustaba pensar que Dorado era mi oficina.

Con frecuencia me pongo a revivir anécdotas de esos años. ¡Cuántas historias! Algunas tan jocosas que todavía hoy me causan risa. Muchas se han ido desvaneciendo con el tiempo, pero tan pronto alguien me las trae a memoria, las recuerdo. Otras las tengo presente como si hubieran tenido lugar ayer. Si pudiera en el futuro publicaría un compendio sólo de las anécdotas; material no me faltaría.

Un día me tocaba ir de una actividad a otra y tenía que cambiarme de ropa antes de llegar al segundo evento que era la inauguración del centro comunal del sector Santa Rosa. Como iba tarde y no quería ir con la ropa sucia que llevaba puesta fui rápido a casa de mi compañero Ángel Concepción. No había nadie en la casa, pero como era costumbre la puerta siempre estaba abierta.

Entré como si fuera mi propia casa, me di un baño, busqué ropa del hijo mayor de Ángel y me cambié y fui a la actividad de inauguración del centro comunal. Allá estaban Ángel y Mercedes su esposa en primera fila. Cuando ella me vio entrar le dijo a Ángel disimuladamente "Angelito, yo creo que esa es la ropa de Joe" así le decían a su hijo, "es idéntica a la ropa que Joe tiene".

En otra ocasión, pasaba por la misma casa. Entré y tampoco había nadie. Llegué a la cocina y tenían sobre la estufa un arrocito guisado bien bonito recién hecho porque todavía estaba caliente. Busqué en qué servirme, comí y me llevé otro poco para mi casa.

Más tarde pasé a dar una ronda por el centro de salud donde Ángel era el administrador y muy amablemente me dijo que fuera por su casa para que comiera con ellos. Le contesté que ya yo me les había adelantado, que ya había ido a su casa, había comido y también me había llevado una porción de arroz para mi casa, y que estaba delicioso. Ángel no paraba de reírse. Esa era la confianza con la que yo vivía en mi querido Dorado. Es que, definitivamente, esos eran otros tiempos.

También recuerdo algunas historias relacionadas con el centro de salud. En una ocasión me informaron que las sábanas del hospital se estaban desapareciendo. Los choferes de ambulancia me decían que la baja en sábanas se debía a que cuando ellos transportaban pacientes al centro médico en San Juan las sábanas se quedaban allá.

Un día de esos que yo llegaba al hospital como era mi costumbre para ver como marchaban las cosas, me tocó guiar una ambulancia con un paciente hacia el centro médico. Cuando llegamos, colocaron al paciente en un pasillo a esperar que lo recibiera personal de enfermería para procesar su admisión. Y yo me quedé por allí cerca esperando que me devolvieran la sábana para traerla de vuelta al hospital de Dorado.

La espera fue muy larga y tuve que preguntar varias veces hasta que uno de los doctores se enojó y de muy mal humor dijo: "miren, devuélvanle la sábana a este chofer para que no moleste más y se vaya de una buena vez".

En otra ocasión llegué al hospital y me encontré con que había una mujer joven con dolores de parto. En Dorado no teníamos sala para dar a luz, por lo que había que referirla a San Juan. Una de las ambulancias estaba llevando un paciente a centro médico, así que había que esperar que regresara. Otra de las ambulancias estaba lista pero no había chofer. Rápidamente les dije: "Móntenla que nos vamos". Unos minutos más tarde yo llevaba la joven con sus quejidos por las contracciones para el centro médico.

Cuando llegamos por la parte de emergencias abrí la puerta y el doctor que nos esperaba me dijo con tono de regaño: "¿Cómo usted trae esta joven aquí sin preparar?, todavía vestida con pantalones. ¿Cómo usted cree que el bebé saldría si esta señora tiene esos pantalones puestos? ¿Usted no tiene cabeza?" Me retó el doctor. Yo le contesté: "Doctor es que yo soy nuevo en este trabajo".

Entre muchas otras, hay una anécdota con Peter "El Florero" que siempre me hace reír cuando la recuerdo. ¿Y quién En Dorado no se acuerda de Peter, también conocido como "Peter Flower" o "Peter Bacalao" o "Ardilla"?

Peter "El Florero" fue un personaje en todo el sentido de la palabra. Hombre polifacético, poseedor de talentos más grandes de lo que le reconocimos, y con un corazón aún mayor. En el béisbol no se quedó atrás, pues fue un tremendo receptor con el equipo de pelota de Dorado. Bien merecido le era su apodo "Ardilla" porque era ágil, muy rápido y no se estaba quieto ni por un segundo. Yo era fanático del equipo y en especial de Peter.

Temprano durante mi primera gestión como alcalde para el 1973, Peter fue preso, una de sus tantas veces. No recuerdo si fue esta la vez cuando lo acusaron de robarse una cola de bacalao – lo que le ganó uno de sus apodos. Cuando me enteré de que lo tenían en la cárcel de la Princesa en el Viejo San Juan ya le habían pagado la fianza, así que lo fui a recoger a la cárcel.

Una vez allí, el alcaide de esa correccional me acompañó hasta el área donde tenían a Peter. Los demás presos estaban alborotados y curiosos al ver entrar a la cárcel a alguien a quien no conocían acompañando al alcaide. Y llegamos donde estaba Peter. Al verme éste se asombró, pero enseguida y en su forma tan única, comenzó a presentarme a los demás presos. "éste es mi alcalde", decía Peter a todo pulmón mientras caminábamos hacia la salida de la cárcel, dejándose oír por encima de las voces de los demás.

Llegamos a mi automóvil y Peter como quien tiene chofer se sentó en el asiento de atrás. Yo ocupé el asiento delantero. En el camino de San Juan a Dorado Peter no se calló la boca. Fue hablando durante todo el trayecto. Cuando llegamos a la calle Méndez Vigo en el pueblo, abrió la ventanilla de su lado, sacó la cabeza y comenzó a saludar a toda la gente que estaba esperándolo, ya que se había regado la voz de que yo lo había ido a buscar a la cárcel. Un grupo de sus fanáticos lo esperaba. Así el incomparable Peter "El Florero" regresó a casa y contento estrechaba las manos de sus fieles seguidores.

Con el incomparable Peter El Florero (Sin fecha)

Peter, también era bailarín de bailarines. Le hacían círculo en la plaza pública en las fiestas patronales para disfrutar de sus habilidades bailando salsa, y su pintoresco estilo de vestir con gabán, corbata y pantalones cortos. Él era también un talentoso artesano. Me regalaba collares y brazaletes de cuero, manualidades y otras artesanías que él mismo hacía. Cuidaba a mi mamá cuando la veía dirigirse hacia la iglesia, pero como él no se estaba quieto y no paraba de hablar ni de presentársela a todo el que se encontraba en el camino, mami se ponía nerviosa.

Cuando en Dorado celebrábamos maratones se tenía que reservar un premio especial para Peter pues, aunque usted no lo crea siempre él llegaba a la meta; de último, pero llegaba. La carrera tenía dos partes principales: Una esperando al ganador; ¿la otra? esperando a Peter.

Y cómo olvidar las ocasiones en que en medio de inundaciones y con el río crecido, Peter borracho se lanzaba desde el puente al vacío como si fuera un dotado clavadista. Luego que salía del agua exhibía su también inexplicable buena condición física mientras los curiosos observando su espectáculo lo aplaudían. ¡Era increíble!

El capitán de la policía me pedía que lo controlara y que lo lleváramos al cuartel para retenerlo allí unas horas en lo que pasaba las inundaciones (y a Peter la borrachera). Recuerdo que Peter me decía "esto es inconstitucional. A mí no me han celebrado juicio así que no me pueden tener aquí encerrado".

Peter "El Florero", doradeño de la mata, auténtico amigo que a todos hacía reír con sus sanas ocurrencias. Por su inigualable personalidad siempre lo recordamos con mucho cariño.

Y si estoy hablando de mi familia extendida de Dorado, ¿cómo no voy a mencionar a nuestra querida Raymunda Alméstica viuda de Montañez?

Tal vez para algunos doradeños que leerán este libro ese nombre no les suene familiar, pero si les digo que ella era nuestra amada Munda, estoy seguro de que todos sabrán a quien me estoy refiriendo. Si, Munda, ¡mi fanática número uno!

Los pueblos no serían pueblos si no hubiese personas como ella, quienes con su particular modo de ser contribuyen a darle forma al alma de una sociedad. Su apodo, Munda, no pudiera haber sido más idóneo pues era como una ciudadana del mundo, al menos del nuestro. Conocida por todos como la anciana centenaria que a diario, a solas, caminaba millas llevando sobre su cabeza una pesada cesta llena de productos del país; y esto sin perder ni el paso ni el equilibrio.

Como una madre defiende y protege a sus hijos, Munda a mí me defendía ante quien fuera. Y como todos sabían lo sobre protectora que era de mí, a veces en una forma sana y jocosa la provocaban diciéndole cosas malas de mí. Todos estaban seguros de que Munda, con la picardía que la caracterizaba, les despacharía una ronda de insultos en mi defensa para deleite de todos. Sus legendarias caminatas de Mameyal al pueblo y viceversa eran famosas.

A sus más de cien años, su agilidad para caminar balanceando la pesada carga sobre su cabeza la hacía lucir como encapsulada en una burbuja de tiempo. Nadie se explicaba cómo lo hacía pues su longeva vida y extraordinaria resistencia física ni siquiera muchos jóvenes la podían superar.

Durante el tiempo que fui alcalde, Munda fue para todos en el municipio un bienvenido refrigerio. Su buen humor, simpáticas ocurrencias y agudo sentido de alerta desafiaban la lógica de lo que se esperaba de alguien con la edad que ella tenía. Nunca pedía nada. Al contrario, nos llevaba flores silvestres que recogía en sus caminatas, frutas y también verduras que ella misma cocía a leña en el patio de su casa. ¡Y si había música en alguna actividad, a mí era a quien único daba el privilegio de bailar con ella!

Yo creo que nos habíamos hecho a la idea de que ella siempre estaría. Y en un sentido así ha sido. Munda era ciudadana de Dorado y conocida en Puerto Rico. Para los que no tuvieron el honor de saber de ella, espero que estas cortas líneas sirvan para presentarles a nuestra Munda, leyenda del caminar y de mantener una actitud positiva hacia la vida, aun antes de que esas ramas fueran las disciplinas para promover la longevidad y un estilo de vida saludable que son hoy.

89

Todos sentimos mucho cuando ella se enfermó. Era como la abuelita que todos compartíamos. Todavía lamentamos su partida, pero nos consolamos en el recuerdo del gran honor que tuvimos de conocer en vida a la extraordinaria Munda.

A los hijos, nietos y demás familiares de Munda les digo: sepan que la atesoro en mi memoria. Su autenticidad, humildad, gran sentido de independencia, fuerza y encomiable tenacidad para resistir los embates del tiempo, desde su nacimiento en los años mil ochocientos hasta su partida en el 1985, son cualidades extraordinarias dignas de admiración.

Si yo fuera a mencionar por nombre a todos los que considero familia en Dorado me faltarían páginas, y estoy seguro de que se me olvidaría nombrar a muchas personas. Lo bueno es que toda la gente sabe muy bien que nuestro vinculo de familia es inquebrantable, no porque lo decimos, sino porque así nos lo hemos demostrado hasta el sol de hoy. Saben que los quiero genuinamente y que el cariño que les dispenso es genuino.

Y así era nuestro Dorado de entonces; el que dejé. Mi faena como alcalde fue ardua, pero me fortalecía el contacto constante y directo con los ciudadanos; mi familia extendida. Sé que mi opinión de Dorado no es objetiva. ¿Cómo podría serlo? Después de todo es de donde soy. Pero tengo que decir esto: Para mí, Dorado era el mejor lugar del mundo; mi hogar preciado. Y lo que lo hacía especial era su gente.

Nuestro éxito se sostuvo en que desarrollamos una realidad de metrópoli, pero sin perder nuestra esencia de pueblo, visión de futuro y más importante aún, nuestro sentido de familia. Eso nos convirtió en el municipio modelo que otros admiraban y buscaban emular.

A pesar de los premios y reconocimientos recibidos, yo no me considero que fui un buen alcalde. Aun con todo cuanto logramos nunca estuve satisfecho; siempre pensé que debí hacer más. Sí considero que fui dichoso de haber tenido el mejor pueblo para dirigir. Para ellos trabajaba y por ellos me esmeraba. Eran precisamente ellos mismos quienes con su apoyo, compromiso y cariño me daban las fuerzas para seguir construyendo el Dorado de orgullo que nos habíamos propuesto.

La Fortaleza y La Secretaría de Estado

A los que estamos en la política se nos relaciona con estrategia y planificación (no siempre en el buen sentido de los términos). Muchos consideran que todo lo que hacemos es calculado según las agendas políticas. Los de la oposición (sea del partido que sea) van procurando contradecir, menospreciar, criticar demagógicamente y oponerse a lo que otros proponen; con el mero objetivo de entorpecer. Esto, sin medir los méritos que pueda tener cada propuesta para beneficio del pueblo.

No obstante, sí, es necesario que los que manejamos dineros del fisco operemos bajo estrictos principios de planificación y estrategia en el buen sentido de los términos. Otra cosa sería irresponsable. En el municipio yo contaba con un excelente equipo de profesionales que me asesoraba en esos aspectos para asegurar la sana y eficiente administración, según los planes para Dorado.

El éxito grande de mi gestión como alcalde, conocido en toda isla y dentro y fuera de mi partido, no se dio por suerte ni casualidad. Trabajo arduo, dedicación, compromiso, excelencia en el personal, respeto por el servicio público y amor por el pueblo fueron los cimientos que sustentaron nuestros esfuerzos para liderar el progreso de Dorado.

Para mí, la política partidista no era la prioridad. Era el mal necesario a través del cual podía operar desde una plataforma que me permitía causar impactos positivos masivamente.

En ese mundo de la política, como todo en la vida, algunas cosas salen según fueron planeadas. Otras, bailan a su propio ritmo y se mueven dentro de la potestad de lo imprevisto. Tienen que ver más con que el lugar preciso coincida con el momento exacto y se encuentren con un conjunto de circunstancias muy particulares.

En una ocasión estando yo en mi oficina en la alcaldía en el verano de 1987, recibí una llamada de la entonces secretaria de la gobernación, Sila Calderón, solicitándome de parte del gobernador Rafael Hernández

Colón, que les sometiera nombres de candidatos que podían ser considerados para asesor o asesora en Asuntos Municipales.

Unos días después, yo preparaba una lista de personas que entendía estaban cualificados para la posición. Al finalizarla, sin mucho analizarlo, añadí mi nombre de último y se la envié.

Cuando ambos, Rafael y Sila, recibieron mi lista pensaron que era una broma y enseguida me llamaron. Les aclaré que no, que yo no estaba bromeando. ¡Y era que sentía que me había llegado el tiempo! El momento preciso se encontraba con las circunstancias particulares. Era tiempo de moverme; mi turno de terminar un ciclo e iniciar uno nuevo. Sentía que era la hora de darle espacio a otro; pasarle el *batón*.

Para cuando recibí la llamada de Sila, estaba justo en el tercer año de mi cuarto cuatrienio como alcalde. Tenía 48 años. ¡Y yo sabía bien que ya era tiempo! Durante los 29 meses ya transcurridos de ese cuatrienio, yo había estado experimentando en privado la urgencia de ponerle punto final a mi carrera como alcalde. De ocho años que era lo que había pensado estar en la alcaldía, ya llevaba trece.

Estaba muy acostumbrado a mi trabajo como alcalde. Por catorce años me fue de mucha satisfacción y lo disfrutaba. Era la combinación perfecta: Pude realizar grandes cosas para Dorado lo cual la gente reconocía y me favorecían con su voto. Después de todo, ¿a quién no le gusta eso?

¡Tan inesperada había sido la llamada de Sila como mi acción de incluir mi nombre al final de la lista de candidatos! Y es que estaba totalmente convencido de que me había llegado el tiempo. Me reuní con el gobernador varias veces y conversamos extensamente sobre la vacante y mi experiencia. Hicimos un recuento de las veces que él había considerado reclutarme antes. En el 1984, cuando ganó las elecciones, me había ofrecido dirigir el Departamento de Transportación y Obras Públicas. Lo pensé, pero luego de haber consultado con mi liderato en Dorado, tanto político como administrativo, y tomando en cuenta que recién yo acababa de ganar la elección, Rafael y yo estuvimos de acuerdo en que no era el momento.

Más adelante, ya un año entrado en la administración, me ofreció la Secretaría de la Vivienda, pero tampoco se concretó. En el año 1976, cuando él perdió la reelección a la gobernación y yo había revalidado en la alcaldía, a su pedido, colaboré en la Secretaría del Partido Popular. Rafael estaba muy complacido con mi desempeño, pero por conflictos internos de la colectividad, no pude continuar.

Con este último ofrecimiento, las cosas eran diferentes. Yo me sentía listo para moverme. Quería irme. Rafael me dijo estar muy contento con la posibilidad de que yo aceptara formar parte de su equipo en La Fortaleza, pero conociendo el dinamismo que me caracterizaba como alcalde, también me hizo una advertencia. Me dijo, "Lo que me preocupa es que aquí te vayas a aburrir. La dinámica que se da aquí entre las paredes de la Fortaleza es muy diferente a lo que tú estás acostumbrado en la alcaldía", recalcó. Yo lo escuché atentamente y todo lo consideré.

Con ya catorce años en el poder, mi posición como alcalde era muy estable. Había ganado de forma holgada con 4,940 votos de ventaja, lo que representó el 64.9% del voto total en la última elección celebrada en noviembre de 1984. *(10)* Prácticamente, no tenía adversario alguno y contaba con el favor del voto mixto.

Para el Partido Popular, Dorado era un bastión sólido. Sin embargo, yo como alcalde me sentía frustrado de la politiquería rampante, y hastiado de la aniquilante burocracia. En mi primer cuatrienio (con gobernador popular), me tocó una lucha sin cuartel con el departamento de salud estatal. Agradezco la ayuda brindada por José E. Arrarás, quien fungía como Secretario de Vivienda. Con su intervención, pudimos repartir más de mil solares parcelas en Dorado. Les construimos carreteras e instalaciones de agua y luz a estos y muchos sectores que carecían ambos servicios.

Luego, durante los dos siguientes cuatrienios (ambos con administraciones penepés), me tocó lidiar con el gobernador Romero Barceló. Ocho largos años que fueron caracterizados por un brutal discrimen y una incesante persecución.

Aun ante toda esa adversidad, seguíamos haciendo brillar a Dorado. Contra viento y marea, lo pusimos en el mapa de Puerto Rico como una ciudad de vanguardia que avanzaba hacia el futuro con una economía sólida y sostenida, con iniciativas sobresalientes en las áreas de turismo, desarrollo social, cultura, arte y salud.

Forjamos un municipio modelo que dio paso a un nuevo lema: *Dorado ciudad ejemplar.*

En las elecciones de 1984 la administración del país volvió a manos del Partido Popular Democrático y mis expectativas no podían ser mayores. Yo pensaba que, si aun cuando no recibimos apoyo alguno de la administración central habíamos podido sobrevivir en Dorado durante ocho años, ahora, con el cambio de administración las cosas iban a cambiar y podríamos agarrar viaje y hacer la obra que teníamos planeada. Eso creí, pero estaba muy equivocado.

De forma paradójica, el comienzo de ese mi cuarto cuatrienio enfatizó el enorme reto que la buena reputación ganada nos imponía. Ante la gran relevancia y éxito de los logros ya alcanzados, ahora las metas eran mucho más extraordinarias. Requeríamos mayor autonomía y no la teníamos.

Pasaban los meses y los proyectos se ahogaban en la burocracia. Me preguntaba cómo era esto posible siendo la corriente una administración popular, o sea de mi mismo partido. Demás está mencionar que eso magnificaba el efecto negativo que nos causaba la falta de respaldo. Todo era incomprensible, al menos para mí.

Contábamos en las arcas del municipio con más de diez millones de dólares para obras, pero sin apoyo de la administración central era poco o nada lo que se podía hacer. Queríamos hacer obra para el pueblo, pero cada esfuerzo era tronchado.

Mi principal objetivo era que Dorado continuara su desarrollo y me negaba a transar por menos, pero todo era cuesta arriba. Mientras más luchaba por avanzar los proyectos comprendidos en la agenda que llamamos Dorado 2000, más oposición nos hacían. Era como si nos pusieran trabas sólo por ponerlas, con el único propósito de detenernos. Nuestra visión era grande y el pueblo unánime, preparado para proyectos de gigantesca magnitud.

Lamentablemente, nuestro plan no estaba alineado con el del gobierno central. Entendían ellos que Dorado ya estaba desarrollado lo suficiente y que había que darles prioridad a otros municipios. Así que Dorado vino a ser penalizado por su propio progreso; víctima de nuestros adelantos, desarrollo y buena fama. Sin apoyo, sin financiamiento de proyectos y decepcionado de chocar con el muro de la burocracia; frustrado, me cansé.

Para hacer un cuento largo, corto, luego de varias reuniones con el gobernador Hernández Colón, presenté mi renuncia como alcalde para unirme a su cuerpo de asesores en La Fortaleza.

¿Que cómo fue partir de Dorado? Esta es una pregunta cuya respuesta es muy compleja, así que la tengo que contestar en dos partes.

En el 1987 cuando tomé la decisión de irme, dejar la alcaldía no se me hizo tan difícil. No puedo decir que fue fácil porque además de que sonaría frívolo, no es veraz. Creo que es más claro decir que fue un proceso duro pero neutralizado por la combinación de las circunstancias que yo como alcalde y Dorado como municipio vivíamos.

El viernes 12 de junio de 1987, el centro del pueblo emanaba fiesta y algarabía por ser el primer día de las tradicionales fiestas patronales. Se respiraba aire de celebración. Las picas ya estaban abiertas y sus patrocinadores, cervecita en mano, alborotados gritaban animadamente señalando hacia los diminutos caballitos de palo a que habían apostado su dinero. Los kioscos humeaban con el aroma de las sabrosas alcapurrias, pinchos y bacalaítos fritos.

Las machinas ubicadas alrededor de la plaza pública operaban rondas de prueba para asegurar su buen funcionamiento. A través de las potentes bocinas, la voz indiscutible de Kaki anunciaba el programa de las fiestas e invitaba a todos a participar.

Ese día anuncié mi partida. Reuní a todo el personal de la alcaldía en mi oficina. Según iban entrando, se acomodaban como podían; algunos en el piso. Ellos sin tener idea del asunto que íbamos a tratar, exceptuando el vicealcalde y dos o tres personas más a quienes les había informado temprano ese día. Para mí sorpresa, yo me sentía tranquilo. Cargaba un poco de ansiedad, pero eran las ansias de sacarme la noticia de adentro.

Los saludé y comencé la reunión preguntándoles a algunos cómo habían llegado al municipio. Compartimos algunas anécdotas jocosas para aliviar la atmosfera que ellos ya estaban sintiendo pesada, sin todavía entender por qué. Les informé que me había llegado el tiempo de dejar la alcaldía y moverme a otras cosas.

Presenté mis razones y les dije que mi renuncia sería efectiva el 3 de agosto. Hubo silencio. Fue como si hubiera aparecido un gigantesco elefante blanco en medio de la oficina. Estaban sorprendidos y creyeron que se trataba de una broma. Luego de una breve pausa continué explicando mis argumentos y entendieron que el asunto era en serio.

Allí delante a mí estaba todo mi equipo de trabajo a quienes yo consideraba mi familia. Hombres y mujeres que formaban el ejército que hacia realidad el Dorado soñado que habíamos trazado en papel. Colaboradores incondicionales de quienes siempre dependió el que le pudimos cumplir las promesas al pueblo como lo hicimos. Muchos militaban conmigo desde el principio.

Con ellos me transformé, de ser un joven soñador de oportunidades y progreso para todos por igual, a convertirme en el ejecutivo municipal que lo dio todo para convertir esos sueños en realidad. A algunos vi casarse, formar familias, tener hijos. Con ellos compartí alegrías y también tristezas. La gente que más me ayudó a darle a Dorado lo mejor.

Ahí estaban todos. Algunos lloraban. Otros me felicitaban orgullosos de que yo estaba respondiendo al llamado del gobernador. Recibí abrazos y muestras de cariño sincero de mi equipo. "Nada dura para siempre" yo les dije a los que estaban tristes "y mi tiempo como alcalde ya terminó".

Recuerdo que cuando me reuní en privado con el grupo de mis colaboradores más allegados, les aseguré que la decisión de irme era firme y les pedí que, independientemente de lo que aconteciera en el futuro, nunca me dejaran cometer el error de regresar. En tono filosófico, les dije "Un hombre no puede cruzar el mismo río dos veces porque cuando lo haga la segunda vez, ya será otro hombre y otro río".

¡No hay como estar fijado en una meta! Yo estaba tan enfocado ya en el nuevo rol que me esperaba en La Fortaleza, que la despedida de Dorado se me hizo un tanto práctica. Me apoyé en los logros alcanzados como alcalde, y mi sentido de realización y legado me ayudó a mantenerme firme en mi decisión.

Mi Nuevo Trabajo

El lunes, 4 de agosto de 1987, me reporté a La Fortaleza: Mi primer día de trabajo como asesor del gobernador en asuntos municipales. Conmigo, Frank Cardona, quien era mi vicealcalde, y Carmen Delia Ortiz, mi asistente administrativa en la alcaldía. Ambos habían aceptado mi invitación a unirse a mi equipo para la asignación encomendada por el gobernador Hernández Colón.

Temprano en la mañana, Rafael celebró una conferencia de prensa donde hizo oficial mi nombramiento como su asesor. Destacó mi experiencia y expresó su confianza en que resultaría en beneficio de las relaciones de su administración y los municipios. Sin perder tiempo, me acomodé en la oficina que me asignaron en el tercer piso del pabellón adjunto al Palacio Santa Catalina y comencé mis labores.

Al principio como esperaba, no se me hacía fácil adaptarme. Entendí que era parte normal del proceso que se da con los cambios y me auto-recomendé darle tiempo al tiempo. Pero según iban pasando las semanas me di cuenta de que no mejoraba la situación. Me negaba a admitir que Rafael tenía razón con el comentario que me había hecho de que se me iba a hacer difícil adaptarme al cambio.

El proceso de asimilar La Fortaleza iba muy despacio y me sentía insatisfecho. De todos modos, me decía a mí mismo que el cambio que yo había dado era grande y que requeriría más tiempo para acostumbrarme.

Durante el tiempo que trabajé en La Fortaleza, mi relación de trabajo con el gobernador Hernández Colón fue una estrecha y de amistad. A diario yo llegaba al Palacio de Santa Catalina a las 5:45 de la mañana. Ya a las 7:00 el gobernador bajaba de su residencia y nos encontrábamos en la piscina donde nadábamos por 45 minutos.

Luego, lo acompañaba a desayunar en la terraza del segundo piso mientras comentábamos sobre las noticias en los periódicos y de ahí a atender la agenda del día. A veces me llamaba para que almorzara con él. También me invitaba a algunos eventos familiares como la celebración de su cumpleaños en su residencia. Me atrevo a decir que mi relación de amistad con Rafael causó resentimiento en varios de los asesores y ayudantes, quienes sí tenían una relación de trabajo con él primer mandatario del país, pero no tenían necesariamente su amistad.

Mi itinerario estaba siempre cargado atendiendo los asuntos de todos los alcaldes de Puerto Rico. En adición, el gobernador me asignaba variadas encomiendas, entre ellas, un programa de ornato que quería implementar a nivel isla. Como a todos los asesores, a mí me tocaba hacer turnos, o sea horarios extendidos algunos días y fines de semana.

Yo seguía confiado que pronto me acoplaría a la nueva rutina. Esperé y traté duro, pero nunca pasó. Lo más que extrañaba era el contacto directo con la gente. Me preocupaba no poder ayudarles; no ser efectivo. Fortaleza y su dinámica se convirtieron en un lugar muy incómodo para mí. Me sentía atrapado en aquellas paredes. Cuando entendí que ya me era intolerable, decidí hacérselo saber al gobernador.

La mañana del 10 de enero de 1988 el gobernador y yo salimos juntos de La Fortaleza en su vehículo hacia el aeropuerto a recoger al gobernador de Massachusetts Michael Dukakis. Estaba por celebrarse la primaria demócrata para decidir la candidatura a presidente de Estados Unidos y Dukakis llegaba a Puerto Rico en campaña.

Cuando nos dirigíamos al aeropuerto le manifesté al Hernández Colón que necesitaba hablar con él en privado sobre mi trabajo. Quedamos en que me llamaría para que conversáramos con calma. Esa misma tarde, rato después que habíamos regresado del aeropuerto, me llamó para que nos reuniéramos a las siete de la noche.

Yo tenía un compromiso de cena con mi esposa y unos amigos, así que los dejé en el hotel Condado Plaza y les dije que mi reunión sería corta y regresaría a tiempo para cenar con ellos. En mi trayecto del Condado hacia La Fortaleza iba practicando lo que le diría al gobernador: Que una vez pasaran las primarias demócratas yo renunciaría a la posición de asesor porque no me gustaba el trabajo. Tan pronto le agradeciera su confianza y la oportunidad que me brindó, me iría de inmediato para llegar a tiempo a mi cena en el Condado, la cual aprovecharía para celebrar el cierre de mi corto capítulo como asesor en La Fortaleza.

Quería llegar a la Fortaleza pronto. Estaba ansioso por que comenzara la reunión y más ansioso aún de que concluyera lo más rápido posible. La realidad es que me sentía nervioso. Las calles adoquinadas del Viejo San Juan no me hacían disminuir la velocidad, pero los peatones sí. San Juan siempre concurrido.

Si algo iba a extrañar, pensaba, era esa preciosa ciudad amurallada. Trabajando allí tuve la dicha de apreciar su incomparable belleza y su historia. ¡La verdad es que es hermosa sin igual, sobre todo de noche! Es como si los increíbles tonos de azul que genera el contraste de la luz reflejándose en los adoquines energizaran a la gente. Bullicio, alegría, brisa con delicado olor a mar, historia antigua y contemporánea convergen para ofrecer el mejor de los ambientes.

Gente por todos lados. Los jugadores de dómino y ajedrez en la Plaza Colón, los niños felices asombrados mientras observan los inmensos cruceros en el muelle, jóvenes dirigiéndose a sus lugares de diversión, el tráfico pesado, las largas líneas de vehículos esperando turno para estacionar, todo eso rejuvenece el Viejo San Juan. Ciudad forjadora de sueños como bien lo plasmó el compositor Noel Estrada.

Cuando arribé a La Fortaleza me dirigí a la sala adjunta al comedor de estado, donde me esperaba el gobernador. Enseguida le hablé tal como lo había ensayado en mi mente. Él me escuchó atento. Luego de un breve silencio me dijo, "Necesito que me hagas un favor. Tengo un problema y tú eres la persona que me lo puede resolver".

Luego de una pausa breve, continuó diciendo: "Héctor Luis tiene que comenzar su campaña para la alcaldía de San Juan. Yo tengo unas personas que aceptarían su posición de inmediato" pausó brevemente "pero he pensado que tú tienes la capacidad para sustituirlo y tienes mi confianza".

No entendía bien lo que el gobernador estaba tratando de decirme. "Yo quiero que sepas que confío en ti". Luego de una breve pausa prosiguió. "Voy a estar mucho tiempo fuera del país durante este período y necesito que tú me cubras".

Tengo que admitir que las palabras de Rafael me confundieron y me pregunté si él me habría prestado atención cuando yo le estaba hablando. Pensé que tal vez yo no me había explicado bien. Ante mi silencio, Rafael continuó. Yo, sin entender todavía lo que me decía, estaba paralizado. "Quiero que tú seas Secretario de Estado hasta que termine el cuatrienio" dijo concretamente.

Yo no podía creer lo que acababa de oír de boca de mi jefe. Su inesperado ofrecimiento me turbó. Cuando pude elaborar, le dije que lo que me pedía era imposible. Enseguida, se me ocurrió sugerirle algunos nombres, pero no funcionó. Así, continuamos el dialogo y tal fue su insistencia, que terminó convenciéndome.

Me dijo, "Ve, cámbiate de ropa y prepárate para que a las diez de la noche estés aquí de vuelta y juramentes. Sabes que la sesión legislativa comienza mañana, por lo que quiero nombrarte ya para que estés juramentado y puedas ejercer el cargo de inmediato".

Entonces, le pedí al gobernador que dijéramos que mi nombramiento era interino (aun cuando yo sabía que tal opción no existía) para que me diera un poco de espacio, eso pensando en lo difícil que sería el proceso de confirmación en la legislatura. También, le hice saber bien claro de que no quería que enviara mi nombramiento a la legislatura hasta tanto tuviéramos la seguridad de que se me confirmaría. De lo contrario, preferiría renunciar.

Luego de explicarle mis condiciones y repetirle que lo aceptaba, no porque quisiera la posición, sino por ayudarle a resolver el problema que tenía, me fui tan rápido como pude a prepararme para regresar a mi juramentación.

Mientras salía de La Fortaleza e iba de regreso al Condado todavía no podía creer lo que acababa de pasar. Fue como una de esas experiencias que llaman 'fuera del cuerpo'. Yo había ido a renunciar y resulta que sin querer salí con un compromiso y una carga mucho mayor a la que tenía cuando entré.

De prisa, recogí a Erica y dejamos a nuestros amigos en el hotel. Mientras manejaba hacia Dorado a cambiarnos de ropa, le expliqué a Erica los detalles de la reunión con Rafael. Ella estaba tan sorprendida como yo. ¡No lo podíamos creer!

Me consta que cuando esto se hizo público, mucha gente dentro del Partido Popular y la mayoría de los medios de prensa, concluyeron que lo de mi nombramiento como Secretario de Estado había sido un asunto bien planeado y arreglado entre Rafael y yo. Nunca creyeron que fue algo que yo no estaba buscando y que se dio de repente. No los culpo.

Gobernador Interino

Siguiendo las indicaciones del Gobernador, esa misma noche del 10 de enero de 1988, regresé a La Fortaleza donde el todavía Secretario de Estado, Héctor Luis Acevedo, me tomó juramento a las diez de la noche al cargo que él hasta ese momento había ocupado en una pequeña y breve ceremonia. Una vez juramentado, los agentes de la escolta asumieron control de mi persona.

JURAMENTO – Sec. de ESTADO
ENERO 10 – 1988 FORTAlezA

La verdad del engaño

Por Héctor Díaz, Editorial

Voy a comenzar este reportaje con una carta de un reverendo dirigida a "Papiño" que profetizó lo que pasaría en Dorado si pasaba el poder a Carlos López.

"El maestro todavía no ha preparado bien a su estilo a un discípulo capaz de hacer un 50% de lo que el maestro hace diariamente. Sería un desastre, se crearía un caos; haría una revolución negativa, estaría este pueblo abocado en un retroceso en todo sentido muy peligroso"

En la carta de tres páginas escrita hace 20 años el Reverendo una y otra vez suplica que no es tiempo para el cambio y mucho menos al parecer dejarle el poder a Carlos López.

Cuan cierta han sido esas letras del Reverendo, en los pasados 20 años no hubo obras significativas más allá, como he dicho otras veces, que darle mantenimiento a las obras de "Papiño". "Un caos, un desastre, haría una revolución negativa"...el pueblo sabe de qué les habla, hoy día esas letras confirman la persecución, campañas negativas, el desastre financiero del municipio, la filosofía de servir el respeto hacia el pueblo... convirtiendo la alcaldía en su harén personal. (Con el respeto hacia las que no se prestan para eso).

Todos conocen una parte de la historia, las que les ha contado Carlos López, la otra parte es la que no salió a la luz pública en su totalidad o por lo menos Carlos López, como de costumbre, manipuló una mentira convirtiéndola en una realidad ficticia y basada solamente en sus argumentos.

"Papiño" luego de su camino exitoso en la legislatura pasó a ser el Secretario de Estado bajo la administración de Rafael Hernández Colón, el segundo puesto más alto en nuestro gobierno.

La integridad de "Papiño" y su compromiso con su pueblo fue siempre una característica que llevó en su agenda de trabajo, quizás pensando que desde otro puesto podría ayudar y alcanzar más para su pueblo tomó decisiones por el bien de su partido.

Cabe mencionar, que "Papiño" fue una de las personas activas en la fiscalización y radicación de las querellas hacia Carlos López donde éste fue encontrado convicto.

Pudo hacerse de la vista larga, como lo hacen actualmente, pero un reclamo de pueblo hacia él, hizo que tomara acción contra un discípulo que no siguió el legado del maestro, haciéndole daño a la imagen de un pueblo.

"Papiño" tuvo en sus manos los documentos, las pruebas, las declaraciones juradas, los informes para llevar a cabo esta investigación de manera responsable, con una convicción de hacer lo correcto aunque esto conllevara señalar a su discípulo, cuántos políticos como éste hacen falta hoy día.

Lo he dicho antes "Papiño" era un visionario comprometido con su gente, con sus principios y valores... lo que por mucho le falta a Carlos López.

Ahora usted puede entender por qué le quita las placas en las obras realizadas por "Papiño", ahora puede entender por qué la persecución contra todo aquel que hablara con "Papiño"...Carlos López necesitaba neutralizar la opinión pública, necesitaba inspirar miedo, amenazar con despidos para que la voz de la verdad no fuera pública.

Así controlaba a la gente a su alrededor.

El caso llega a los tribunales, mientras Carlos López acusa de persecución política, mientras en su afán de defenderse le dice al pueblo "aquel que te abandonó" apelando al sentimiento del doradeño del ay bendito y recurriendo al papel de víctima.

"Fueron unos empleados los que le fallaron

¡Todo estaba pasando tan rápido! Me sentía como quien pierde la libertad. "¿A qué hora lo recogemos?" me preguntó el director de la guardia. Yo, todavía tratando de organizar mis pensamientos, luego de una momentánea pausa, pude contestarle "a las seis de la mañana".

Enseguida asumí las funciones del cargo. Mi nueva oficina estaba localizada en el edificio del Departamento de Estado ubicado justo frente a la Plaza de Armas en el Viejo San Juan, a sólo unos pasos de La Fortaleza. Recuerdo que en mi primer día como secretario fui a la Universidad de Puerto Rico a presentar una ofrenda floral en conmemoración al natalicio de don Eugenio María de Hostos. De allí me fui a la ceremonia de aniversario de los Hogares CREA.

De forma inmediata también dio comienzo el cabildeo en la legislatura a favor de mi confirmación. Y la oposición no se hizo esperar. Todo era incertidumbre, pero yo me sentía tranquilo. Estaba muy claro de las circunstancias que dieron paso a mi nombramiento, pero también estaba determinado a cumplir con mi trabajo de servirle al pueblo de Puerto Rico con toda mi fuerza desde el nuevo cargo.

En el Departamento de Estado atendí con premura los asuntos presupuestarios y administrativos y muy en especial el problema de falsificación de pasaportes. En adición, me enfoqué en actualizar los nombramientos de las juntas y el registro de corporaciones. Otras áreas a que di particular atención fueron el registro de propiedad intelectual, mejorar los servicios que se ofrecían al público y abrir nuevas oficinas de pasaportes a través de la isla.

Mi calendario diario dependía en gran parte de los asuntos que me delegaba el gobernador para que lo representara. Por supuesto, esto incluía la gran responsabilidad de fungir como gobernador interino cuando éste se ausentaba del país, lo que sucedió unas siete u ocho veces.

La jornada diaria abarcaba los cónsules, recibir visitas oficiales de presidentes, primeros ministros u otros dignatarios de gobiernos del exterior, procesar las proclamas del Estado Libre Asociado de Puerto Rico, atender casos de ciudadanos puertorriqueños en el exterior que requerían la intervención del gobierno, y también de ciudadanos extranjeros residentes en la isla.

Yo confiaba en la habilidad del gobernador Hernández Colón para convencer a los legisladores sobre mi nombramiento, pero decidí no estar de brazos cruzados. Comencé dándoles una visita a los presidentes de la Cámara y del Senado, José "Rony" Jarabo y Miguel Hernández Agosto, respectivamente. Rony, aunque no muy determinado, me dio su respaldo. No así Miguel, quien luego de yo explicarle lo del enfoque interino me dijo "lo mejor que hicieron fue decir que sería interino". Dándome con esto a entender que no contaba con su aval.

Más adelante, visité al senador Roberto Rexach Benítez, quien había hecho unas expresiones en contra de mí nombramiento. Le expliqué la cuestión del interinato y que sólo estaría por un tiempo. Y me dio su apoyo. Hablé también con el ex gobernador y entonces senador Carlos Romero Barceló. Éste no se comprometió a nada, pero me dejó saber que no tenía objeción.

Al senador del Partido Independentista, Rubén Berrios, también le hice acercamiento, pero él nunca respondió a mis solicitudes de cita. David Noriega, portavoz de ese partido en la Cámara, me demostró que era un caballero. Uno que no se deja dominar por colores partidistas sino por sus principios y lo que es mejor para el país. Aun antes de que yo lo contactara, David me llamó para decirme que contara con su respaldo.

Otro que también me brindó su apoyo fue el alcalde de San Juan, Baltasar Corrada del Río, quien era en además presidente del Partido Nuevo Progresista y su candidato a la gobernación. Tanto David como Baltasar vinieron a ser para mis íconos de verticalidad y respeto en un ambiente donde ambas cualidades escasean.

El senador Hernández Agosto siempre se mostró muy esquivo y luego supe que a los varios acercamientos que otros le hicieron para cabildear a mi favor, él respondió que me nombraría para cualquier otra posición, pero no a la de secretario de estado. El gobernador trató, pero no pudo hacerlo cambiar de posición. Pese a eso, me aseguró que continuaría trabajando el asunto con Miguel.

Yo siempre estuve bien activo dentro de Partido Popular. En mi primer término como alcalde fui electo vicepresidente de la Asociación de Alcaldes, entidad que agrupa a todos los alcaldes populares. También, fui electo a la Junta de Directores del partido en dos ocasiones. En adición, fui copresidente del Partido Demócrata en Puerto Rico.

Así que, para bien o para mal, yo estaba en constante exposición a los asuntos internos de nuestra colectividad, muchos de los cuales envolvían choque de egos, celos y luchas de poder que llevaban a algunos miembros del liderato a reaccionar como niños engreídos. ¡Esto me sorprendía tanto, que llegué a pensar que de no ser porque lo veía con mis propios ojos, no lo hubiera creído! Eso fue algo a lo que siempre repudié y a lo que decidí nunca acostumbrarme.

Ante todas las otras pruebas que me habían tocado vivir dentro de la política, ésta fue una muy difícil, más que todo decepcionante; dolorosa. Me era imposible comprender el hecho de que contaba con el apoyo de gente de otros partidos con quienes no compartía ideales, mientras que era rechazado por los de mi propio partido; algunos simplemente me tildaron de enemigo. Hasta este día yo sigo sin entender el porqué.

La intransigencia de Hernández Agosto en cuanto a mi nombramiento como Secretario de Estado era totalmente injustificada. Y no que yo pensara que todo mundo tenía que apoyarme; pero de ninguna manera podía ni entender ni justificar su total resistencia hacia mi nombramiento. No me quedaba sino especular sobre sus razones para desfavorecerme de forma tan arbitraria.

Recuerdo que cuando se mencionaba la posibilidad de que Hernández Agosto podía correr en primarias para gobernador contra Hernández Colon en el 1976, yo respaldaba a Hernández Colón, pero siempre mostrando mucho respeto Hernández Agosto. Mi relación con ambos era muy buena. Tanto así que, sabiendo yo el daño potencial que esos procesos internos acarreaban para el partido, hice lo que estuvo a mi alcance para armonizar las partes. Me di a la tarea de hacerlos limar asperezas. Como parte de ese esfuerzo, facilité una reunión entre ellos en mi casa en Dorado. Entendía que la cordialidad era necesaria para el bienestar y la unidad del partido.

De hecho, desde joven siempre tuve una gran admiración hacia Hernández Agosto como servidor público. Lo respetaba desde sus inicios en el gobierno para el tiempo cuando don Luis Muñoz Marín lo nombró secretario de agricultura.

Ante la guerra recia que Hernández Agosto declaró en contra de mi nombramiento, yo en lo personal ya no quería dar la batalla. Sí, me desanimó. Además, yo entendía muy bien el daño que el suspenso del nombramiento le estaba ocasionando al cargo de Secretario de Estado. Me sentía culpable, aunque en el fondo sabía que no era mi culpa. La presión de la situación me resultaba dolorosa. El impacto emocional producto de la lucha política a través de los años ya me había llevado al punto del pesimismo. Lo veía inútil.

A pesar de cómo me sentía, más que todo respondiendo a la insistencia de algunos en el alto liderato del Partido Popular, comencé a preparar mi ponencia para las vistas de nombramiento. Estaba en una encrucijada. No quería seguir, pero el respeto y apoyo que me infundían algunos líderes y amigos, como que neutralizaba mi voluntad. Esto, en adición a la insistencia de Hernández Colon de que convencería a Hernández Agosto.

Entre las muchas muestras de apoyo que recibí quiero destacar las de don Jaime Benítez, don Roberto Sánchez Vilella y doña Inés Mendoza viuda de Muñoz Marín. La querida doña Inés me hizo llegar una carta que escribió con su puño y letra, y que yo atesoro hasta este día.

Inés María Mendoza de Muñoz Marín

Trujillo Alto
3 de mayo de 1988

Sr. Don Alfonso López Chaar
La Fortaleza
Secretario de Estado,

Mi amigo y noble amigo de Luis Muñoz Marín y distinguido servidor de Puerto Rico:

Usted no puede abandonar el gobierno que necesita tanto de su honestidad, de su laboriosidad, de las supremas facultades de inteligencia, pulcritud, en entregarse a su pueblo en cuerpo y alma. A usted se le quiere, se le respeta, se honra el país en usted. Las posiciones de honor no se abandonan, se defienden.

Sinceramente,

Inés Ma. Muñoz Marín

Le recordé al gobernador que había aceptado la Secretaría de Estado con la condición de que mi nombramiento no fuera enviado a la legislatura a menos que tuviéramos la seguridad de que Hernández Agosto lo respaldaría. Como eso no sucedió, entonces le dije que renunciaría, pues no era mi interés ir a pelear a la legislatura mucho menos para una posición que yo no estaba buscando.

El gobernador, con la determinación que lo caracterizaba, me comunicó que él estaba decidido a mandar mi nombramiento para la legislatura. Me sugirió que fuera a pelear mi nombramiento al capitolio. En otras palabras, que él seguiría cabildeando, pero que yo tendría que irme a la legislatura a hacer lo mismo.

Luego de nuestra conversación, antes de que él enviara el nombramiento al capitolio, fui a mi oficina en el Departamento de Estado, hice mi carta de renuncia efectiva el 30 de abril y se la envié a la mano. Él me contestó la carta solicitándome que me quedara como secretario hasta el 31 de mayo de 1988 cuando concluiría la sesión legislativa. Yo accedí.

Llegando mayo a su final, Rafael me volvió a citar a Fortaleza una noche tarde, a las once. Me informó que nombraría a Sila Calderón como Secretaria de Estado. Curioso, pensé, ya que Sila había sido una de las personas que yo mismo le había recomendado cuando él insistió en nombrarme a esa posición. En esa ocasión, también le había sugerido que nombrara a Tito Colorado. Esto último vino a ser aún más curioso, considerando que Tito fue quien sustituyó a Sila en la Secretaria de Estado cuando ella eventualmente decidió correr para la alcaldía de San Juan. Pero eso sucedió más adelante, así que mejor no me adelanto para no perder el hilo de como aconteció la historia.

Rafael concluyó la reunión diciéndome que para el próximo gabinete (asumiendo que ganaría), me nombraría Secretario de Transportación y Obras Públicas.

El Capitolio

Luego de sobre 20 años dedicados al servicio público, lidiando con los líos de la política, y después de mi amarga salida del Departamento de Estado en el 1988, el sector privado me resultaba refrescante. Las cosas me iban bien fuera de la política, aunque hablando claro tengo que decir que muy dentro de mí, la llama del servicio público no estaba apagada del todo.

Poco a poco me había ido alejando de aquel ambiente. Limité el consumo de noticias de temas políticos en mi esfuerzo por desconectarme, pero hubo un factor constante que me lo impedía. Desde que me fui de la alcaldía, la insistencia de mi gente de Dorado de que volviera era un frente difícil de ignorar.

El contacto con algunos de ellos de una manera u otra era seguido, pues Dorado era mi lugar de residencia y desde donde viajaba a diario a mi trabajo en la marina Puerto del Rey en Fajardo. Así que, como medida para evitar lo que se me había convertido en un agobio, hasta consideré mudarme de Dorado. Sin embargo, mi esposa objetó diciéndome que ese era el pueblo que había hecho suyo, donde le gustaba vivir y tenía sus amistades. Dorado era y siempre ha sido nuestra casa.

La cantidad de llamadas y cartas que día y noche recibía de gente pidiéndome que volviera, era abrumadora. Reclamos, quejas, pleitos, querellas, eran la orden del día. Comerciantes, empleados municipales, maestros, estudiantes, amigos, ciudadanos en general, me comunicaban sus frustraciones y me pedían encarecidamente que regresara a la alcaldía.

Sin lugar a duda, la inmensa presión de parte de mis seguidores de Dorado definitivamente jugó un papel vital en mi proceso de tomar decisiones. En el tiempo en que ni el internet, ni email ni Facebook y mucho menos Twitter existían, no sé cómo, pero se las ingeniaban para comunicarse conmigo, no sólo para demandarme que volviera, sino para ofrecerme su ayuda en lo que fuera necesario.

Esa fue una época bien conflictiva para mí. De forma constante venían a mi mente aquellas palabras que dije a mis colaboradores cercanos cuando renuncié a la alcaldía *"Un hombre no puede cruzar el mismo río dos veces porque cuando lo haga la segunda vez, será otro hombre y otro río"*. Hasta ese momento me di cuenta de que habían sido como palabras proféticas, y que sobre dos años más tarde las tendría que enfrentar.

En un extremo, el cariño hasta cierto punto posesivo que la gente me demostraba y su confianza en que estaban seguros de que yo haría siempre lo mejor por Dorado, me nutría. Pero el otro extremo, me hacía daño. Me creía responsable de todo lo que pasaba en Dorado y de lo mal que la gente se sentía. Estaban decepcionados y su frustración era evidente. Comencé a experimentar sentido de culpa por haberme ido. ¡Definitivamente, una esquina muy peligrosa para guarecerme ante la encrucijada en la que me encontraba!

A finales de 1989 dejé la Marina Puerto del Rey en Fajardo para comenzar mi práctica de consultoría privada en Dorado. Mi experiencia en la administración de la marina, no fue extensa pero sí muy productiva y la disfruté mucho.

Desde niño cuando pasaba tiempo con papi en la yola me sentía muy confiado en el agua. Además, viviendo en una isla que tiene costas tan espectaculares como las nuestras, el mar siempre me llamó mucho la atención. Así que el trabajo en la marina me dio la oportunidad de adentrarme más en ese ambiente.

Sin embargo, el tráfico vehicular con el que tenía que lidiar diariamente para hacer el viaje de más de ciento diez millas de ida y vuelta entre Dorado y Fajardo era agotador. Con el pasar de los meses la congestión vehicular continuó incrementando hasta hacerse intolerable. Eran interminables las frustrantes horas que yo pasaba en el carro, sólo esperando que el tráfico se moviera. Me tomaba unas cuatro horas al día, o sea veinte a la semana lo que sumaba unas mil cuarenta horas al año. ¡Inaceptable! El viaje diario se convirtió en una pesadilla que con el tiempo se me hizo imposible de tolerar.

Resultaba incomprensible que, si ya una parte de la construcción del puente sobre el río La Plata estaba terminada, porque entonces no la abrían para así aliviar el bestial tráfico a que eran sometidos los conductores para poder llegar a sus trabajos en el área metropolitana.

Durante mi gestión como alcalde, yo había participado de lleno con las agencias estatales pertinentes en todo lo concerniente al tramo de la autopista que pasaba por Dorado. Era un proyecto de construcción con el que yo estaba bien familiarizado. Hasta pensé en algún momento que debía comunicarme con el gobernador para indagar sobre qué estaba causando el retraso en la apertura de este segmento de la autopista.

Para cuando dejé el trabajo en la marina Puerto del Rey, el alivio de no tener que viajar hasta Fajardo se vio opacado por la abrumadora insistencia diaria de la gente de Dorado para que me involucrara de forma activa en los asuntos públicos y políticos. La presión que ejercían se magnificó, pues no sólo estaba viviendo en mi pueblo, sino trabajando allí también. Ya no podía ignorar sus reclamos. Y fue así que poco después me encontré dándole consideración a mi regreso a la política.

Mi distanciamiento de los asuntos de gobierno, sumado a mi ausencia en los medios de comunicación me llevaba a pensar cuán cuesta arriba sería volver. Estaba tratando lo mejor que podía de razonar las cosas sin dejarme dominar por las emociones, pero me sentía ansioso y necesitaba objetividad. Decidí mandar a hacer una encuesta que medía proyecciones si mi nombre estuviera en una papeleta electoral en Dorado. En el mismo estudio, también hice que incluyeran los candidatos a la gobernación. Los resultados reflejaban que yo ganaría cómodamente la alcaldía de Dorado, y Rafael Hernández Colón seria reelecto a la gobernación.

Paralelamente, me entero de que mi nombre había sido recomendado a Rafael para otra posición en su administración. El director de la Defensa Civil, Heriberto Acevedo, dejaba ese rol para unirse a la campaña de reelección del gobernador, y se le ocurrió recomendarme para sustituirlo.

Heriberto y yo habíamos desarrollado una muy buena relación de trabajado mientras colaboramos durante muchas emergencias de tormentas y huracanes cuando yo era alcalde. Teníamos en común las largas horas de tensión colaborando mano a mano para proteger a la gente y su propiedad durante el paso de esos destructivos fenómenos atmosféricos. Tan pronto el mismo Heriberto me hizo saber que me recomendaría con Rafael para substituirlo, me sentí en la confianza de pedirle que no lo hiciera y me opuse rotundamente.

A pesar de los favorables resultados de la encuesta y la presión de la que yo era objeto, hice mi mayor esfuerzo para no apresurar ninguna decisión. En el proceso, no podía dejar de pensar todo lo que había pasado y cómo fue que sucedieron. ¿Volver a lanzarme para la alcaldía? ¿Cómo fue que desapareció la determinación que yo tenía cuando renuncie a mi puesto de alcalde unos años antes? Estas preguntas daban vueltas en mi cabeza. Estaba indeciso sobre qué hacer.

Luego de mucho pensar, me reafirmé en mi decisión de que regresar a Dorado a postularme de nuevo sería un error. Y me aferré a eso. Compartí la información de la encuesta con Eudaldo Báez Galib quien era secretario del Partido Popular. Él era uno de los pocos líderes con quienes me mantenía en contacto. Le comenté que me interesaría postularme para la Cámara de Representantes o el Senado por acumulación. Bromeando, le dije que esperaría a que alguno en el capitolio se jubilara y surgiera la vacante. Eudaldo me respondió: "¿Por qué no te reúnes con Rafael y le informas sobre los resultados de la encuesta"? Su recomendación me pareció bien.

Poco tiempo después, desconozco si por petición de Eudaldo o por insistencia de Heriberto, el gobernador me citó a La Fortaleza. En lo que fue una reunión muy breve, aproveché y le hablé sobre la construcción del puente en la autopista y le comuniqué el terrible congestionamiento que se generaba a diario, tanto para residentes como para turistas. A modo de sugerencia le indiqué que, ya que el tramo del puente de la autopista hasta Dorado estaba terminado, debían entonces abrirlo para así aliviarles a los conductores el diario y tedioso tapón vehicular.

El gobernador se comunicó con el secretario de transportación, Darío Hernández, y le pidió que si estaba listo ese segmento del expreso que se abriera al público. Recuerdo que poco tiempo después de nuestra reunión, el puente por fin fue inaugurado.

Luego, le mostré los resultados de la encuesta y conversamos al respecto. Me preguntó que si yo correría otra vez para alcalde de Dorado y le dije que no. Ya yo había analizado que debido a las seguidas muestras de represalias y ataques de parte del liderato popular de Dorado en contra mía y de la gente que me apoyaba, correr para la alcaldía acarrearía enfrentar una campaña baja y un estilo de ataque personalista y chabacano que nunca fue ni sería mi estilo.

Enseguida Rafael trajo el tema de la oficina de defensa civil y me pregunto si yo aceptaría que me nombrara director de dicha agencia. Le contesté que no estaba disponible y así dimos por terminada la reunión.

Muchos de los activistas políticos de mi mismo partido en Dorado no recibieron bien mi presencia diaria en el pueblo. Los ataques en contra de mis allegados no cesaban. La gente estaba siendo atropellada y perseguida por simplemente conversar conmigo. ¿Por qué? Eso sólo lo saben los perseguidores. Tal vez el afecto y cariño que me profesaban los ciudadanos de Dorado los hacía sentir amenazados. Mi conciencia estaba y está limpia. Pienso que sus propias inseguridades los consumían, y que algunos cegados sólo correspondían al comando de su líder. ¡La misma dinámica que se da en una manada de lobos!

De hecho, ellos mismos, sin quererlo, provocaron el sobrante de mi tolerancia. Me dio coraje; Ira diría yo. Harto de sus malos tratos e inmerecidos ataques, decidí darle seria consideración de una vez por todas a la posibilidad de volver a postularme para un puesto electivo. ¿Por revancha? No lo sé. ¿Por orgullo? Tampoco sé. ¿Sería por mortificarlos a ellos o porque en el fondo yo quería regresar a servir? Tal vez un poco de ambas cosas.

Pasaron algunos meses más. El representante por acumulación Severo Colberg falleció. Con él me unía una amistad de muchos años. Siempre lo consideré un amigo fiel que me dio su apoyo y nos respetamos aun cuando en algunas cosas no estuviéramos de acuerdo.

Él me había defendido la vez que gané la nominación para alcalde en el 1972 cuando me querían quitar los asambleístas que habían corrido conmigo en mi papeleta para acomodar a los asambleístas que habían perdido. En ese entonces, ante mi poca experiencia y juventud, el establecimiento trató por todos los medios posibles de intimidarme, pero no pudo. A veces Colberg y Bobby Rexach Benítez me invitaban a comer y compartíamos como buenos amigos. Severo también me acompañaba en las actividades políticas en Dorado.

El partido decidió hacer una asamblea de delegados en Coamo en febrero de 1990 para adjudicar quién ocuparía el escaño que había quedado vacante en la Cámara luego del fallecimiento de Colberg. Éramos cuatro los candidatos que buscábamos ocuparlo: Severo Colberg Hijo, Ferdinand Mercado, Luis Raúl Torres y yo. El gobernador respaldó a Severo hijo, mientras que Rony Jarabo, el presidente cameral, dio su apoyo a Ferdinand. Luis Raúl y yo nos lanzamos sin padrino.

Me tocó correr contra la maquinaria, otra vez. Pero estaba dispuesto a asumir el reto. Viajé la isla entera reuniéndome con los líderes y delegados de los pueblos. Faltando pocos días para la Asamblea, recibí públicamente el respaldo de Victoria "Melo" Muñoz, don Jaime Benítez y don Pelayo Román Benítez.

Así concluyó la campaña y llegó el día esperado. Ante una abarrotada asamblea se dieron las votaciones. Al principio del conteo yo estaba en último lugar, pero cuando se contabilizó el distrito de Arecibo, obtuve los votos para ganar cómodamente.

El día 14 de febrero de 1990 juramenté a la Cámara de Representantes.

Representante por Acumulación

A pesar de toda la experiencia con la que contaba, tanto en asuntos públicos como políticos, cuando llegué al capitolio me sentía novato; como pez fuera del agua. Fueron muchas las veces que desde muchacho había visitado ese majestuoso edificio. Sin embargo, ahora me lucía un tanto extraño. ¡Qué paradoja! Desde el momento mismo que puse un pie en el palacio de las leyes como representante, supe que era otra montaña que me tocaba escalar. Pero estaba preparado y con muchos deseos de ayudar.

Fue inevitable que estando allí me vinieran a la mente momentos en que siendo un joven estudiante trabajaba en la oficina de don Ernesto Ramos Antonini en aquella misma icónica estructura. El recuerdo que tenia del tiempo que laboré con él era que el hemiciclo se consideraba un espacio sagrado. ¡Increíble que tuviera el privilegio de volver a entrar a ese preciso lugar, pero ahora como uno de sus legisladores electos!

Con su ejemplo, don Ernesto me había enseñado que los miembros del parlamento discutían sus diferencias sin necesidad de recurrir a insultos; que eran caballeros maduros para quienes debatir no era sinónimo de reñir. ¡Cuán respetuosos y respetados eran los legisladores en ese entonces! Bien lo dice el refrán que todo tiempo pasado fue mejor.

A través de mis años como alcalde y desde las otras posiciones que ocupé en el gobierno antes de llegar al capitolio, interactúe lo suficiente con los legisladores como para hacerme una idea de la dinámica contemporánea de funcionamiento de ese cuerpo. Por supuesto que sí. Pero la realidad es que cuando llegué allí nada me pudo haber preparado para lo que encontré.

Mientras caminaba por los pasillos cubiertos con alfombra color verde me vino el pensamiento de que esos eran los mismos pisos en que habían caminado don Luis Muñoz Marín, don Ernesto y sus colegas y sentí el peso de la responsabilidad que acarreaba pertenecer a ese cuerpo legislativo. Lo que ignoraba era que mientras yo juramentaba en un salón anexo al hemiciclo, por allí cerca ya la dinámica de mancomunar operaba a todo vapor.

En el mismo hemiciclo tomaban lugar las alineaciones de bando (que no eran necesariamente por partido) y las peleas entre ellos por reclutar nuevos miembros para sus respectivas alianzas y agendas centradas en lo que llamé *Don Poder*. Enseguida realicé con gran tristeza que el parlamento de don Ernesto ya no era más. Me di cuenta de que había entrado a otro gallinero.

Una vez juramentado, el presidente Rony Jarabo me nombró a presidir la Comisión de Desarrollo y Planificación de la cámara. Durante mi gestión, abogué en contra de más impuestos. No apoyaba el que se les impusieran más arbitrios a los contribuyentes ni a los consumidores.

En ese tiempo, los impuestos estaban de moda. Se les añadieron a las bebidas carbonatadas y al combustible de los barcos cruceros, entre otros. Yo entendía que la solución a la crisis fiscal no estaba en imponer más carga al contribuyente responsable, sino en cobrar la deuda billonaria de los evasores contributivos. Según mi análisis, el Departamento de Hacienda no estaba haciendo lo necesario para traer ese dinero a las arcas del gobierno.

En el área de recursos naturales, la Cámara aprobó un proyecto de ley de mi autoría en el 1996 para decretar la protección y conservación del Jardín Botánico de la Universidad de Puerto Rico. El Jardín fue fundado en el 1971 por el entonces presidente de la universidad, don Jaime Benítez, y era y continúa siendo considerado una joya de nuestro patrimonio.

Este parque urbano ubicado en el corazón del área metropolitana es de suma importancia nacional, no sólo por su impresionante arboleda autóctona sino también su jardinería paisajista, y por su relevancia como centro científico para estudiar la flora y la fauna puertorriqueña, incluyendo especies endémicas en peligro de extinción. El proyecto de ley fue necesario para garantizar la preservación del jardín ante el desarrollo, la sobrepoblación, la deforestación, y la contaminación ambiental.

Como presidente de la Comisión de Planificación y Desarrollo Económico, mi oficina tuvo un rol importante en el proyecto de reforma municipal, específicamente en lo concerniente a la planificación.

Durante mi tiempo como representante, en lo personal, experimenté el inmenso dolor de perder a mami. En ese entonces, su salud ya muy frágil continuó empeorándose. Sufrió una caída que le ocasionó una fractura de cadera y, lastimosamente, a pesar de terapias intensas y largos tratamiento, nunca pudo volver a caminar. Tenía personas atendiéndola 24 horas al día. Tuvo que ser hospitalizada por complicaciones debido a una pulmonía y murió el 28 de febrero de 1996. ¡Mi adorada madre fue muy especial! Aun cuando han pasado tantos años, nunca me he acostumbrado a su ausencia.

Ley de Municipios Autónomos

Mi experiencia en institucionalizar la planificación en Dorado me ayudó a ser efectivo en la discusión legislativa de este tema. En 1991 el gobernador Rafael Hernández Colón envió una serie de proyectos a la legislatura con el cual se le delegaría poder a los municipios.

Se comenzaba a percibir que la administración pública desde el gobierno central no era efectiva. La crisis fiscal seguía en aumento mientras que los alcaldes exigían más poder político y económico. El equipo de trabajo que designó La Fortaleza para preparar los primeros borradores de los proyectos estaba compuesto por Carol Acosta, Irving Faccio, Aníbal Acevedo Vilá, Rafael Pumarada y Luis García, entre otros.

Los proyectos de ley llegaron al Capitolio con mucho sentido de urgencia. En la Cámara de Representantes, el presidente Rony Jarabo asignó los proyectos a la Comisión de Asuntos Municipales dirigidas por Vitín Negrón. Yo tuve que pedir la entrada de la Comisión de Desarrollo Socioeconómico y Planificación en la evaluación de los proyectos de ley por entender que caía directamente bajo nuestra jurisdicción como comisión.

Cuando fui alcalde mi experiencia con agencias estatales como la Junta de Planificación, la Administración de Reglamentos y Permisos y el Departamento de Transportación no fue muy productiva. Entendía que esta ley podría evitar que otros municipios enfrentaran los problemas que tuvo Dorado en poder consolidar un modelo de planificación municipal. En el Senado, el presidente Hernández Agosto asignó los proyectos a la Comisión de Asuntos Urbanos dirigida por la Senadora Victoria "Melo" Muñoz Mendoza. La presión del poder ejecutivo no se hizo esperar.

Muchos proponentes incondicionales a La Fortaleza sometieron ponencias endosando los proyectos sin cambios algunos. Entre éstos, resaltó la ponencia del alcalde de Ponce Rafael "Churumba" Cordero Santiago, el cual aseguraba que la redacción de los proyectos de ley era perfecta. De igual forma se expresó el ayudante del gobernador, el licenciado Aníbal Acevedo Vilá, la Asociación de Alcaldes de Puerto Rico y también la Federación de Alcaldes de Puerto Rico.

Las reuniones y vistas públicas fueron interminables. Todas las agencias de gobierno nos exigían la aprobación íntegra de las medidas. Sin embargo, nuestro equipo técnico encontraba disposiciones que debían mejorarse, cambiarse o al menos, aclararse. La comisión que dirigía evaluó las disposiciones relacionadas con el ordenamiento territorial, mientras que la Comisión de Asuntos Municipales se concentró en las leyes que creaban el Centro de Recaudaciones Municipales (CRIM).

Los capítulos sobre planificación municipal y ordenamiento territorial fueron preparados por la Oficina de Asuntos Urbanos adscrita a La Fortaleza. Esta dependencia estuvo dirigida por el arquitecto Rafael Pumarada. Muchas de las disposiciones técnicas procedían de la tradición urbanística española.

De acuerdo con las disposiciones de la nueva reforma, todo municipio que aspirara a la autonomía tenía que preparar un plan de ordenación en donde todo el territorio municipal debía dividirse en espacios urbanizados, urbanizables y rústicos. Cada área debía tener una programación de proyectos para que el plan fuera aprobado por la Junta de Planificación.

Simultáneamente, cada municipio debía establecer juntas de comunidad en donde se podían discutir todos los asuntos relacionados con la planificación a nivel municipal. Sin este plan, los municipios no podían aspirar a ninguna de las escalas de autonomía establecidas en la misma reforma.

Como exalcalde, yo tenía muchas inquietudes en los planes de ordenación territorial. Muchos alcaldes deseaban la reforma porque concentraba los procesos de otorgación de permisos de construcción en las alcaldías. Este poder era visto como una oportunidad para aumentar los ingresos en las arcas municipales, pero requería de una inversión en personal especializado (ingenieros, arquitectos, abogados, agrimensores) y facilidades que muchos municipios nunca podrían sufragar.

Temí que la reforma municipal convirtiera a los municipios más grandes en municipios poderosos económicamente y los municipios más pequeños en municipios más pobres. No es casualidad el poder económico que ya pasados los años han acaparado los municipios autónomos de Ponce, Carolina, Mayagüez, Bayamón, Trujillo Alto, Caguas y Guaynabo en contraste con la precariedad que existe en la mayor parte de los municipios pequeños de nuestra isla.

A pesar de la gran cantidad de interrogantes que surgieron en los procesos de vistas públicas, todos los proyectos fueron aprobados tanto por la mayoría popular como la minoría estadista. Se acercaba el período electoral y no había más tiempo para este tipo de debate. Además, muchos legisladores tenían que ser cautelosos con los alcaldes de sus respectivos partidos que apoyaban la reforma municipal y muchos populares querían evitar problemas con los endosos desde La Fortaleza.

Sólo los representantes Hiram Meléndez y David Noriega del PIP mostraron oposición a la reforma municipal. Aunque ambos legisladores abandonaron el PIP, el tiempo parece haberle dado la razón en cuanto a la Ley de Municipios Autónomos del Estado Libre Asociado.

Más Luchas

Avanzado ya el último cuatrienio del gobernador Rafael Hernández Colón, los trabajos de la Comisión eran duros, pero fluían, esto hasta que se dio la entrada de la senadora Melo Muñoz Mendoza a la candidatura por la gobernación.

En ese entonces, Hernández Colón propuso una consulta a la que se refirieron como la de los derechos democráticos. Según yo entendía, esta era una herramienta para cerrarle el paso al movimiento estadista, por medio de nuestra constitución.

Melo Muñoz y yo, junto a un puñado de legisladores estábamos en contra de esa medida, lo que nos ganó enemigos y hasta nos consideraran traidores dentro de nuestra colectividad. Pero el que ha estado en la política, o conoce como son las cosas dentro de ese ambiente, sabe que para preservar el alma hay que estar dispuesto a hacer sacrificios.

Se referían a nosotros como los disidentes. Nos atacaron con todo. Como diríamos de forma coloquial, nos tiraron hasta con los zapatos. Usaron cada estrategia para arremeter en nuestra contra que lo único que les faltó fue expulsarnos del partido. Bueno, eso también lo trataron de hacer, pero no lo lograron.

En lo que vino a ser un triunfo contra toda posibilidad, derrotamos el proyecto del gobernador en ambas cámaras. ¡Qué victoria y que derrota! Victoria, porque defendimos nuestras convicciones con ahínco y verticalidad ante la abrumadora fuerza de la maquinaria. Y derrota porque tuvimos que padecer maltrato, humillaciones, desdenes y abuso de parte de nuestra misma gente.

Nos escupieron desde las gradas y nos tiraban centavos. Nos retaban a pelear. Nos hicieron campaña en contra en las primarias para las elecciones que se avecinaban. Aun con todos esos ataques, yo revalidé otra vez al escaño de representante por acumulación. Sin embargo, Melo Muñoz perdió la carrera de la gobernación ante el doctor Pedro Rosselló.

Antes de las elecciones, el representante José Enrique Arrarás y yo nos estábamos disputando la presidencia de la cámara, pero como el PPD perdió las elecciones, quedamos él como portavoz de la minoría, y yo como el alterno. Esto fue decidido por medio del voto interno de los representantes electos de nuestra colectividad.

Melo Muñoz, todavía como presidenta del partido, convocó una reunión para objetar el que Arrarás fuera el portavoz de la minoría. De forma tajante ella dijo que, si Arrarás no retiraba su nombramiento como portavoz, ella renunciaría a la presidencia del partido. El conflicto creado dentro de la colectividad era de grande escala y esto sumado a la derrota de las recientes elecciones estaba llevando el partido a una crisis mayor.

Para resolver el impase propusieron que yo asumiera como portavoz de la minoría, pero yo no acepté. Arrarás mismo me pidió que lo aceptara y dijo que sería la única forma en que el retiraría su nombramiento. Ante las presiones por resolver el problema que estaba hundiendo al Partido Popular, en contra de mí misma voluntad, decidí aceptar. ¡Qué error! Otro más para mi lista.

Yo que pensaba que todo lo que había vivido en la política hasta ese tiempo había sido intenso, nada de eso me preparó para esta parte. Lo egocéntrico e inmaduro en cada uno de mis compañeros afloró. Era como estar a cargo de un "kindergarten". Peleaban por todo; literalmente por todo: por la ubicación de las oficinas, por las comisiones, por las dietas, por la atención, por los automóviles. No había forma de complacerlos. Filtraban información a la prensa. En fin, era como que se valían de cualquier cosa con el objetivo de avanzar sus agendas individuales.

El concepto de partido y unidad brillaba por su ausencia. Todo era chisme. Y me cansé; otra vez me cansé. Tal vez, sucumbiendo a su infantil manera de proceder, como para aislarme, pedí que me dieran la oficina más pequeña y que se olvidaran del asiento que por prioridad me correspondía en el hemiciclo. Desde entonces escogí el último asiento en el hemiciclo. Así me fui separando de todo.

Tal vez inducido por el agotamiento que me causó la mala experiencia que tuve como representante por acumulación y portavoz de la minoría de la cámara, tuve entonces la audacia de interesarme por la posición de representante de distrito. Se me ocurrió pensar que yo podría ser más efectivo representando a un solo distrito. ¿Y cuál más indicado para mí que el distrito que cubría mi pueblo Dorado, Toa Alta y Vega Alta? Pensé que eso me permitiría tener más contacto con la gente y colaborar de cerca con los alcaldes.

Consulté con varios amigos quienes estaban en contacto con el liderato popular en Dorado. Les pedí que indagaran si tenían alguna objeción a que yo corriera por el distrito. Una vez me respondieron que no había ningún reparo, comencé a llamar a los líderes de esos tres municipios y a hacer planes y compromisos.

Durante los próximos días, para mi gran sorpresa [sí, descubrí que todavía me asombraban algunas cosas], me enteré de que sí tenían un candidato de mí mismo partido para representante por el distrito, lo que significaba que tendríamos que ir a primarias.

Practicando la diplomacia, lo llamé, nos reunimos y conversamos en mi oficina. Le propuse si podía considerar posponer su candidatura ya que la mía estaba adelantada y compromisos ya estaban hechos. Él se negó y yo le dije que de ir nosotros a primaria cualquiera fuera el ganador no iba a prevalecer en las elecciones generales contra el candidato de la oposición.

A esas alturas, estando ya muy adentrado en el proceso de campaña y por mi compromiso con los que me habían apoyado, no consideré apropiado retirar mi candidatura. Me tocó correr entonces sin el apoyo de los presidentes del partido de los tres pueblos. Mi contrincante, apoyado por la maquinaria, prevaleció. Sin embargo, en las elecciones generales tal como yo predije, perdió.

Epílogo

¡Cuántos años dedicados a servir! 25 picando para 26 para ser exacto. Fue el cantautor francés Carlos Gardel (ciudadano argentino y uruguayo) quien dijo en su canción *Volver* que veinte años no es nada. Admiro a este virtuoso artista del tango, pero difiero de su aseveración. Hay demasiada vivencia en una veintena de años. Más aun, cuando son dedicados a servirle a la gente. En humildad digo, ¡Qué gran honor!

En preparación para escribir este libro, mientras revisaba décadas de documentos, fotos, noticias, discursos, historias de mi familia y mi niñez, le comenté a Erica que hasta ahora me daba cuenta de muchas cosas. Entre ellas, que mi dedicación al servicio público no fue casualidad, y que me tocó pelear duro contra viento y marea por la gente.

Durante este proceso me forcé a rememorar tantos momentos vividos, algunos casi invisibles, enterrados en el compartimiento del olvido. Unos me hacían reír; otros llorar. Varios me despertaron sentimientos de coraje y fastidio porque me traían a la memoria situaciones que me causaron dolor, decepción y malestar, tanto a mí como a mi familia.

Recordé también a muchas personas que siempre me brindaron su amor y respeto, aun cuando diferíamos en los asuntos políticos. ¡Cuán importantes fueron para que yo pudiera tener una visión correcta y balanceada!

Desafortunadamente, el ejercicio de alborotar recuerdos trajo también a la superficie las malas memorias que hubiera preferido no tener que remembrar jamás. El dolor causado por aquellos que mordieron mi mano mientras todavía les daba de comer. Aquellos enemigos del agradecimiento, quienes sólo responden a su viciado ego y sentido de prepotencia. Esos que no practican la civilidad sino el atropello y que no saben jugar limpio. Afortunadamente, de esos también se aprende, cuanto menos, a cómo no se debe ser.

Muchos recuerdos. Pero valió la pena sacarlos. Era necesario. Ordenarlos en su preciso contexto de tiempo y circunstancias de forma cronológica, me dio la fresca perspectiva que necesitaba para escribir este libro. Y me ha ayudado a reflexionar en lo vivido, no sólo como servidor público sino en lo personal.

Aquí hago un paréntesis para reconocer a la mujer que ha estado conmigo a través de todo por los últimos 43 años: Mi esposa Erica. Lo que comenzó con un piropo inocente, ya es una unión de más cuatro décadas.

Nos conocimos un día en que me encontraba en el hotel Cerromar relajándome un poco luego de unos días de intenso trabajo en la alcaldía. En ese entonces yo era soltero. Allí vi a Erica por primera vez. Era el año 1976. Ella estaba en Puerto Rico de vacaciones de primavera con su mamá.

Tan pronto la vi pasar, me llamó mucho la atención. Seguí caminando detrás de ella buscando la oportunidad para hablarle. Ella se asustó y estaba a punto de alertar al personal de seguridad del hotel, cuando yo me le acerqué y con mucho respeto me presenté. Ella no hablaba ni una palabra en español, así que me tocó practicar el difícil, pero me sobraba la motivación.

Erica me preguntó que si yo la estaba persiguiendo y yo le contesté que no; que yo era el alcalde. Por supuesto, ella no me creyó, pero justo en esos momentos pasó alguien y me preguntó en inglés que cómo estaban las cosas en la alcaldía. El asombro de Erica fue obvio.

Al día siguiente, invité a cenar a Erica y a su mamá, la señora Ivers "Merle" Gilson. Ambas me resultaron encantadoras, inteligentes, agradables, educadas, visionarias, muy carismáticas, y con una sencillez y calidad humana que me cautivó. Las dos habían estado en Puerto Rico anteriormente durante sus vacaciones de invierno, pero sólo en San Juan. Esa era su primera estadía en Dorado y se interesaron mucho en conocer más sobre la isla.

Desde aquella primera cena, los tres nos sentimos como si hubiésemos sido amigos desde hacía mucho tiempo. Y ese fue nuestro comienzo. La noche que me despedí de ellas en el hotel, doña Merle me regaló una corbata que todavía me pongo. Con el tiempo comprobé que la primera impresión que me hice de ellas fue muy acertada. Doña Merle vino a ser como una segunda madre para mí. ¡Nos llegamos a querer como nadie puede imaginarse! Erica y yo la extrañamos todos los días desde que partió de este mundo en el 2016!

Semanas más tarde de su viaje a Dorado, yo fui a visitar a Erica en Boston y cuando llegó el verano de ese año, nos casamos. Ella tomó un curso de español allá y luego se mudó a Puerto Rico sin conocer a nadie ni estar familiarizada con nuestra cultura.

Aunque su familia había quedado en Massachusetts y su único hermano vivía en California, Erica se adaptó muy bien a Puerto Rico haciendo muchas amistades que conserva en el presente. Mi mamá de inmediato conectó bien con su nuera y aunque una no hablaba el idioma de la otra, se comunicaban a la perfección y desarrollaron una relación bien estrecha. El curso de español que Erica había tomado les ayudó a ambas a entenderse.

Y es que la sencillez de Erica le gana corazones. Es una mujer de firmes valores morales, sincera, inteligente, comprensiva y compasiva. Una profesional con preparación académica en el campo de la educación, graduada de la prestigiosa universidad Wellesley de Boston en la misma clase que Hillary Clinton.

Erica ejerció como maestra hasta que se retiró en el año 1999. Es muy polifacética. Conocedora de nutrición, ejercicios y temas de salud y también es una excelente anfitriona. Ella siempre ha preferido la privacidad y el anonimato. Nunca estuvo al frente de mis campañas ni tenía oficina en la alcaldía como acostumbran tener otras esposas de alcaldes, pero siempre me ha sido de gran apoyo.

Jugaba tenis en la urbanización donde vivíamos en Dorado y era muy querida entre los vecinos. Yo le digo que ella, sin querer, era la que me hacía campaña en la urbanización. Muchas veces me acompañaba en las caminatas por el pueblo y los barrios. Repartía propaganda confundiéndose con las demás personas que me ayudaban en la campaña. Cuando la gente se daba cuenta que no era de Puerto Rico, con cariño le enseñaban el nombre de las frutas, vegetales y plantas que encontrábamos en el camino. Así aprendió a comer los panapenes que tanto le encantan.

Erica posee la peculiar habilidad de dar sabios consejos sin interferir en los procesos decisionales de quien los recibe. En el caso de los asuntos relacionados con mi carrera política, el que ella fuera del exterior vino a ser un beneficio para mí. Me daba la ventaja de escuchar un punto de vista objetivo desde la perspectiva fresca de una persona que no estaba emocionalmente comprometida con la ardiente política nuestra.

Ricki, como ella prefiere que la llamen, es un ser humano especial que me ha dado la dicha de ser mi esposa durante más de la mitad de los años que tengo de vida (en el verano 2020 celebramos nuestro aniversario de bodas #44). Espero que puedan ser muchos más. ¡Gracias, Erica, por soportarme todos estos años!

A pesar de lo frecuente que me decían que yo era un político natural, curiosamente, nunca me vi ni me sentí así. Yo no era el político tradicional. Nunca me gustaron los títulos, por entender que tienden a dañar a la gente al hacerlos olvidar que son seres humanos iguales a los demás. Para armonizar mi conflicto, yo comparo los títulos con un traje prestado. Por consiguiente, no se puede uno aferrar a ellos porque en algún momento se tienen que devolver.

Mientras más se apegan a los títulos, más se van convirtiendo en lo que el título representa y dejan atrás su identidad. Se olvidan de que son gente, y los sorprende la desnudez cuando se quedan sin el traje prestado.

No, yo nunca fui un político tradicional. Tal vez por eso todo se me hizo tan duro. La adulación me hacía sentir muy incómodo. Esas no eran mis aguas. Creo que el halago desmedido enferma. Una vez un compañero alcalde me compartió una historia que siempre la tuve presente. Pintoresca en un sentido, pero didáctica. Yo la llamo la anécdota del alcalde y la peinilla.

Mi amigo alcalde tocaba música usando una peinilla como instrumento en un negocio de su pueblo. Las veces que el alcalde estaba en el establecimiento entreteniendo a los clientes con su inusual instrumento musical, le hacían rueda y le celebraban su presentación. Le llevaban comida y licor gratis a su mesa y le pedían que siguiera tocando su música con la peinilla. Hasta ahí todo bien. Pero llegaron las elecciones y mi amigo el alcalde que tocaba con la peinilla no fue favorecido. Perdió.

Ya cuando dejó de ser alcalde, volvió otra vez al mismo negocio donde solía entretener a todos con su música de peinilla y donde sus habilidades musicales eran celebradas. La misma peinilla. Las mismas notas. La misma melodía. Pero esa vez, fue diferente. No le permitieron tocar música con la peinilla y le dijeron que eso molestaba a los clientes.

Así que lo sacaron del negocio. Ya no era alcalde, así que la peinilla ya no era tan melodiosa.

Y es que el poder... el poder como dicen unos, es para utilizarse. Pero mal usado puede convertirse en un arma de autodestrucción. Es una fuerza tóxica a la que siempre respeté. No que le tema, sino que la respeto. Temprano en mi carrera, una vez expuesto al poder, entendí su potencial para arruinar.

Mientras ocupamos posiciones electivas, cargamos en el paquete con ese elemento, traicionero, errático, hipnótico, listo para atacarnos si le damos la oportunidad (y si no se la damos, también). Es una amenaza constante. Un cuchillo afilado. Una bomba ensamblada. Una plaga inminente. Una bestia disfrazada a la que llaman poder.

Al principio de este libro cité al presidente George Washington, pero ahora me es necesario citar este otro presidente norteamericano, cuya gestión estuvo muy presente en los medios de comunicación durante la incumbencia del Presidente Barak Obama. También, por la película *Lincoln* del conocido productor de cine Steven Spielberg en el 2012.

Leí una vez una cita del escritor y orador Robert Green Ingersoll que me impactó mucho. Refiriéndose al presidente Abraham Lincoln dijo: *"Nada revela un carácter real como el uso del poder. Es fácil para los débiles ser gentiles. La mayoría de las personas pueden soportar la adversidad. Pero si deseas saber qué es realmente un hombre, dale poder. Esta es la prueba suprema. Es la gloria de Lincoln que, teniendo un poder casi absoluto, nunca abusó de él, excepto por el lado de la misericordia".* (11)

¡Cuánta sabiduría y acierto hay en estas palabras! Definitivamente, el poder prueba el carácter y la fibra del portador. Yo, agradecido de Dios, puedo decir con firmeza que pasé la prueba. Desde las posiciones que ocupé nunca me olvidé de que soy una persona como las demás. Tuve muy claro que era empleado del pueblo y que a ellos me debía. Pude desarrollar la disciplina de mantener la objetividad y eso me mantenía humilde. Era su líder, no su dictador.

El privilegio de ser electo para representar a otros y en su nombre ejercer la facultad para tomar decisiones y llevar proyectos a cabo, es una misión sagrada. Me atrevo a decir que la mayoría de los que llegan, tienen buenas intenciones, pero en el proceso se dejan seducir por el poder y es cuando los propósitos son alterados.

Muchos individuos entran a la política, motivados por diferentes razones, pero sólo unos pocos poseen lo que se necesita para no terminar sirviéndose, sino sirviendo llegar íntegros al final de la carrera.

El grupo venezolano de rock llamado Desorden Público no lo pudo plasmar mejor en su canción titulada El Poder Emborracha. *(12)*

A continuación, la letra íntegra:

> El poder envenena a los mandones
> que se creen para siempre amos y señores
> el poder rodea de adulantes
> pero también enfiesta a los traidores
> El poder emborracha (x3)
> y después quién cura la resaca
> el poder es arrogante el poder es petulante
> el poder es altanero es soberbio y muy grosero
> el poder es vanidoso, engreído, insolente,
> tan bizarro, inmodesto, delirante, impertinente
> invencible que se cree
> y del miedo vive preso
> tantas ínfulas de eterno
> y de él se ríe el tiempo
> El poder emborracha (x3)
> y después quién cura esa resaca

Poder; ciertamente una resaca sin cura para aquellos que se lo dejan apoderar.

Mi caminar en el servicio público ha sido una escuela. Cada cargo tuvo sus particularidades, sus retos, luchas, tropiezos, logros, decepciones, pero también satisfacciones. Dicen que de lo difícil es que se aprende. De eso yo puedo dar fe porque a mí no me tocó ninguna fácil.

Cada una de las posiciones que ocupé, ya fuera electo por el pueblo o por nombramiento, fue una batalla. Por alguna razón, siempre hubo gente impidiéndome avanzar en el camino. Se me hizo tan común que ya los veía como parte obligatoria del proceso y los enfrenté.

Es triste decir que me tuve que acostumbrar a eso. Tal vez porque era joven pude sobrellevar esa agotadora carga de bregar con algunos que no eran servidores, pero se infiltraron en el servicio público. Esos que usaron el sistema para treparse a toda costa, como cangrejos en un cubo. Cada contienda me preparaba para la siguiente y las superaba fortalecido en mi único interés de servirle a la gente, y de hacerlo bien. Esa fue mi estrategia.

Cuando miramos atrás, siempre hay algunas cosas que ahora pensamos debimos haber hecho diferente. Es que una vez experimentado el asunto y viendo ya el saldo, es mucho más fácil elaborar en la mente soluciones hipotéticas que pudieron haber sido más acertadas. Como dicen por ahí, ¡Si yo hubiera sabido!

Capítulos atrás en este libro compartí sobre el momento que se dio mi transición de la alcaldía de Dorado hacia La Fortaleza en el año 1987. Incluí una auto-pregunta que a propósito dejé a medio contestar. ¿Qué cómo fue partir de Dorado? Ahora, después de todo lo que en estas páginas he compartido, y más de tres décadas vividas luego de esos trascendentales eventos, es que con toda honestidad puedo expresar mi respuesta de forma completa.

Haber partido de Dorado fue, si no lo más difícil que me ha tocado hacer, lo más doloroso, y los efectos de esa acción son unos con los que todavía emocionalmente estoy lidiando. Ahora, mientras escribo esta parte, confieso con toda sinceridad que hasta he considerado que haberme ido fue un error. El tiempo de mi partida no fue correcto. Un refrán popular dice que nadie sabe lo que tiene hasta que no lo pierde. Me lo aplico.

Tan grande fue la satisfacción que me dio servirle a Dorado que asimismo de grande, lastimosamente, ha venido a ser el dolor que me ha causado la partida; dolor que ni aun los más de treinta años ya pasados han podido apaciguar.

Yo siempre supe que cuando llegara el momento de dejar atrás mi proyecto Dorado; mi prioridad; mi anhelo; mi gente; mi pueblo, no iba a ser fácil. ¿Cómo podría serlo? Fueron muchos los trabajos, los desvelos, los procesos, las esperas, las luchas, pero todos fueron esfuerzos grandemente recompensados con los resultados que juntos conseguimos. Hicimos de Dorado una de las ciudades más distinguidas de nuestra isla y de la cual todos nos sentimos orgullosos.

Ahora puedo decir que nada me ha brindado tantas alegrías como haber sido alcalde de mi pueblo de Dorado. Fue un trabajo sacrificado. No por lo arduo, sino por la estricta disciplina y el peso de la inmensa responsabilidad que implica manejar recursos que otros te confían a través del derecho sagrado del voto. En ese sentido me refiero a que es un sacrificio. Uno está en la mirilla de la gente todo el tiempo y a toda hora.

Aquel discurso con el que juramenté como alcalde en el año 1973 cuando fui electo por primera vez nunca envejeció. Por el contrario, siempre lo tuve vigente y vino a ser la fundación de mi gestión. Era el compromiso con el que renovaba mis fuerzas día tras día para seguir dándole a mi pueblo lo mejor.

Ser inclusivo y no mirar, como hacen muchos en la política, a través de colores partidistas, fue clave para el éxito de mi incumbencia. Siempre promoví la unidad y la igualdad. En mi equipo de trabajo se quedó mucha gente que estuvo en contra de mi candidatura en las primarias. Se quedaron por su capacidad, profesionalismo y su honestidad.

En los primeros días de mis administraciones, después de cada elección, los reunía a ver qué obras podíamos hacer de lo que ofrecieron los otros candidatos en sus propuestas de plataforma. Yo le decía que si cumplíamos lo que yo había prometido y si trabajamos siempre por el beneficio de nuestro pueblo, entonces no tendrían necesidad de cambiar el alcalde.

Si la gente pensaba que cuando yo hacía algo lo hacía por votos, se equivocaban. Lo hacía porque me gustaba, por eso me salía tan natural. A veces me ponía a pensar que era el alcalde y me sorprendía porque yo no me veía diferente de ninguno de los demás empleados de la alcaldía.

Cuando llegaba alguna maquina nueva o camión yo quería aprender a manejarlo. Fueron muchas las horas que pasé con el operador de la máquina de enterrar la basura en el vertedero, mi querido amigo Oscar, aprendiendo su trabajo. Yo quería saber cómo se hacían las cosas y el esfuerzo que requerían para después poder exigir con justicia.

Por esa razón cambié mi licencia de conductor por una de equipo pesado. Yo aprendí a guiar el 'grader', el rolo, la máquina más grande un TD-20 y los autobuses escolares. Esto lo hacía porque me lo gozaba. Yo soy así por naturaleza.

Cuando me dedico a algo que siento, mi entrega es total. A veces en contra de mi salud o de mi familia. Yo sabía que me ganaría la confianza y el respeto de mi pueblo. Mientras más la gente me respaldaba, más responsable me sentía, más me esforzaba, más afirmaba mi compromiso, más quería al pueblo.

Me identificaba tanto con ellos que a veces ni me daba cuenta de que ser alcalde era un trabajo. Sentía placer, satisfacción en servirles. Yo soy así. Esa es la verdad. Lo hacía porque me gusta servir.

Abriendo mi corazón, hoy digo que mi decisión de dejar a Dorado me resultó en dolor. En el fondo, pienso que mi corazón me gritaba que no me fuera, pero fue una voz que escogí acallar entonces. Como mencioné antes, fueron varias las razones a las que me aferré para fortalecerme en mi decisión de renunciar como alcalde. Entre ellas, que no quería perpetuarme en la posición.

Me sentía hastiado de las actitudes lisonjeras de aquellos que parecía me idealizaban. No porque yo promoviera esa conducta, sino porque es la tendencia general de trato hacia los portadores del poder. Lo que se conoce en inglés como el "yes- man" implicando que no importa lo que uno diga o sugiera siempre le dan la razón, la tenga o no. Demagogia pura. Permitir ese patrón de conducta en los que le rodean es lo peor que le puede suceder a alguien en posición de liderato.

También, me preocupaba que la juventud de entre los 17 y 18 años ya estaba pronta a ejercer su primer voto y no había conocido otro alcalde. Sentía que era mi responsabilidad el abrir el camino para que ellos tuvieran otras alternativas y apreciaran el aspecto diverso característico de una democracia.

Otra de las razones que me motivó a moverme, fue una protesta injusta que me realizó un pequeño grupo de pescadores. No por la protesta, pues tantos años en la política me habían servido para robustecer mi tolerancia ante tales cosas, pero sí me disgustó la hipocresía de aquellos que se escondieron detrás de la protesta de los pescadores para desatar ataques vengativos. Gente de las cuales me gané su enemistad sólo por no acceder a ser un monigote de sus antojos.

Ahora puedo decir que servir a Dorado fue una experiencia que no cambiaría ni siquiera por la gobernación ni por cualquier otra posición.

Uno es responsable de sus decisiones. No obstante, uno ni puede controlarlo todo ni conoce el futuro, es lógico que se afecte cuando las cosas no salen bien. Más aun, cuando por esas decisiones muchas otras personas son afectadas. La traición duele. Se perdona, puesto que hay que seguir caminando, pero no se olvida. Todavía hoy, me golpea recordar que alguna de la gente que consideraba de confianza, que trabajaron conmigo de cerca fueron los primeros en difamarme. Pero todo eso quedó en el pasado.

Dorado fue y será siempre en mi corazón hasta el día en que me muera, mi pueblo; mi cuna. A todos aquellos que, de una forma u otra me han expresado su decepción porque sienten que los abandoné, les pido perdón. Nunca fue mi intención dejarles. Nunca fue mi intención hacerle mal al pueblo al que me dediqué en cuerpo y alma a servirle; por el que me desvelaba, soñaba y trabajaba.

Hay que seguir hacia adelante. Para mí no ha sido fácil, pero he podido neutralizar los devastadores resultados de esos duros golpes con la satisfacción de todo lo que logramos colectivamente como pueblo durante mi incumbencia. Podrán desaparecer expedientes, eliminar monumentos, tarjas, placas, edificios, murales, pero nada de eso borrará la historia verídica. La memoria de vida de nuestro pueblo no la podrá socavar nadie. Está grabada en la experiencia individual de los ciudadanos y en la colectiva del municipio más limpio de Puerto Rico que hace honor a su nombre.

Fue sobre un cuarto de siglo que me dediqué por entero al servicio público; estimo que fueron más de nueve mil días de mi vida. ¡Qué mucho tiempo! Pero sabemos que todo tiene su final. Si, tarde o temprano, todo termina.

En cada profesión u oficio son muchos los factores que convergen para determinar cuán exitoso uno es. En el caso de un oficial electo o un empleado gubernamental, ya sea de carrera o de confianza, no es diferente. La mayoría de esos factores están fuera del alcance del individuo, pero unos pocos –tal vez los de mayor importancia- son de dominio exclusivo de uno mismo: Cómo reaccionamos, cómo tratamos al prójimo, si ejercemos dominio propio, si somos honestos, honrados y practicamos la justicia, tanto en público como en privado, si somos compasivos, si no discriminamos, si buscamos superarnos y creemos en ayudar a otros a superarse, y si protegemos los recursos que ponen a nuestro cuidado. Son estos algunos de los elementos que no nos pueden usurpar ni siquiera a la fuerza. Son de cada uno para ser usados a discreción propia.

En realidad, es como todo; un asunto de decisión. Se mantiene uno vertical, decidido, firme en el carácter, los valores morales y el respeto a los demás y a uno mismo; o se claudica y se canjea todo eso por una embriaguez ilusoria y una resaca aun peor.

Como se puede apreciar a través de estas páginas, mi caminar en el servicio público fue uno de altas y bajas, duras luchas, golpes y guerras; más frecuentemente con soldados de mi propio batallón que de campamentos enemigos. Pero al final, valió la pena. Dediqué mi vida a servir a la gente y lo hice de manera honrada y comprometida. Cumplí con mi deber y lo hice sin tener que dañarme. No traicioné el bien que me inculcaron mis padres. Al contrario, lo defendí.

Comencé siendo Papiño y llegué a la meta siendo Papiño; sin desviarme en el camino. Tratando a los demás como yo quería ser tratado. Empecé respetando y terminé respetando. Me inicié con corazón de servidor público y concluí mi carrera con corazón de servidor público. Y vivo agradecido del favor que me dispensó el pueblo.

Confió en que mis memorias aquí plasmadas de mi desempeño en el servicio público, unidas a las memorias de muchos de los que sirvieron con honradez antes que yo, sean de ejemplo a la generación presente y a las futuras.

Hoy, la misma inquietud que me llevó a incursionar en la política activa hace casi cinco décadas me mueve a hacerle una exhortación a la juventud. Que estudien y se preparen. Que sean los mejores profesionales en sus campos de preferencia, pero que consideren el servicio público y correr para puestos electivos.

Hoy siento esperanza. Jóvenes como Andrés Waldemar Volmar Méndez y Rafael "Tatito" Hernández Montañez me han dejado saber que en su vocación de servir fueron inspirados por nuestra manera de liderar a Dorado cuando ellos apenas eran unos niñitos. Ellos me admiran, pero más los admiro yo.

El que ellos y muchos de sus contemporáneos de Dorado sean hoy profesionales de los sectores privado, político, educativo, artístico o deportivo es el mejor ejemplo de que la obra que realizamos ha dado excelentes resultados.

Y es una obra que tiene continuidad, pues estos jóvenes ejemplares sirven de mentores a la generación que les sigue y así sucesivamente.

Y pensando precisamente en esa juventud de Dorado, Erica y yo estábamos analizando desde hacía ya mucho tiempo cómo podríamos expandir nuestro legado. Pensábamos en hacer algo para implementarse en el futuro; tal vez cuando ya nosotros no estuviéramos vivos. Con eso en mente, hasta habíamos determinado algunas estipulaciones en nuestro testamento.

No obstante, movidos por la inquietud de seguir haciendo algo por los demás, establecimos contacto con la Fundación Comunitaria de Puerto Rico. En conversaciones con ellos, rápido nos dimos cuenta que no teníamos que esperar, pues era posible comenzar a operar de inmediato nuestra fundación enfocada en la educación. ¡Así lo hicimos y ya estamos por cosechar frutos!

Pronto entregaremos las primeras becas a algunos estudiantes que están por graduarse de escuela superior como una ayuda para el pago de matrículas de universidad. Para la adjudicación de las becas, tomamos en cuenta el aprovechamiento académico de los estudiantes candidatos y sus condiciones económicas.

¡Estamos más que felices con esta iniciativa! Nos da mucha satisfacción que, aun a nuestra avanzada edad, todavía podemos seguir promoviendo el desarrollo educativo de nuestros jóvenes, sus familias y sus comunidades.

A esa juventud, los exhorto a que, a la hora de evaluar patronos y beneficios no olviden que el gobierno nos pertenece a todos y que como tal debemos asegurarnos que está en las mejores manos. Tiempos difíciles requieren líderes extraordinarios y en ustedes se gesta la gama de individuos que guiarán nuestra patria a un futuro mejor. El servicio público, por Puerto Rico, vale la pena.

Al final, me doy cuenta de que después de todo me queda la gran satisfacción de tener la conciencia tranquila; en paz, y la recompensa de que, trabajando con dignidad junto a mi grupo de trabajo, mejoramos las condiciones de vida de mucha gente.

Representé al pueblo con altura e integridad, aun cuando eso a veces requería no ser popular [adjetivo]. ¿Que si tuve desaciertos en el trayecto? Muchos. ¿Que si hubo cosas que debí haber hecho diferente? Claro que sí. Pero lo que pasó, ya pasó. Fueron más los éxitos que los fracasos; mayores las gracias que las desgracias; y monumental la relevancia de lo logrado para beneficio de la gente.

Ahora que ya he completado este libro, miro hacia atrás y concluyo que no hubiera podido dedicar mi vida a una causa mejor que a mi gente de Dorado. Porque mi mayor satisfacción fue servirle a mi pueblo.

Voces De Mi Pueblo

Junior Concepción ▸ EL GENDARME ✚ DE DORADO
10 h · 🌐

Hoy quisiera esponer un tema, para saber la opinión de los Doradeños. El tema tiene que ver con nuestro pasado alarde olvidado y no reconocido, el peor pecado que se puede cometer es la ingratitud, esta se manifiesta cuando olvidamos involuntaria o voluntariamente la labor en favor echo en nuestro beneficio o colectivo. Me parece que es hora de las instituciones municipales o de la sociedad civil, reconocer la labor de nuestro alcalde pasado Alfonso López (Papito) , quien a mi juicio fue la persona que Dios uso para poner a Dorado en el mapa. Desde luego reconocemos que Carlitos continúa y llevo a el sitial que hoy nuestro pueblo se encuentra. 'Papiño un ciudadano de clase mundial' Gracias por tu labor.

OSantos Arce
Trabajaste formidablemente para nuestro pueblo, si existiera el pabellón de la fama para alcaldes, estarías en la primera fila, DTC. este otro no te llega a los tobillos 😔

4h Like Reply
◯ 1

Angel López

◯ 1
4h Like Reply

Respuestas al comentario de Maria J en la publicación de **Revista Magazine by AR Media Services**   Ver publicación

Maria J De Jesus
El Mejor **Alfonso Lopez Chaar** No hay ni abra uno como el mi Respeto Siempre para Usted yo recuerdo cuando pequeña en las inundaciones como se metía sin miedo y sin importarle coger alguna Bacteria en su cuerpo en las Aguas Sucias del Río para Rescatar a su Gente DTB Papiño Seras El Eterno Alcalde de Muchos en Dorado 🖤🖤

1 h Me gusta Responder
◯◯ 2

Luis E. Santa Matos
Dorado continúa haciendo historia. Aún aquí en Virginia encuentro gente que aún recuerdan las Olimpiadas del Plata que estableció Papiño uniendo a todos los pueblos alrededor del Rio La Plata. Esto mantuvo a jovenes como nosotros envueltos en el deporte. Otros saltaron al estrellato fruto de estas olimpiadas. Si el deporte no funcionara, pregunten a personas como Edgar Martinez. Felicidades, Edgar. De Dorado a la fama. Mil bendiciones.

Luz Negron
Nunca en Dorado va a ver una persona como usted me acuerdo que cada ves que en korea se inundaba usted se enfangaba sus zapatos su ropa como los del barrio siempre pendiente de su pueblo y su necesidad ya lamentablemente no es ni será jamás como antes usted si es un hombre humilde y dado para su pueblo que Dios lo bendiga 🖤

Q Search Facebook

Claribel Nevárez
Gracias Alfonzo **Alfonso Lopez Chaar**, por tan bonito gesto, le informo que **Lucy Nevarez**, en representación de P.R.en la 10ma cumbre mundial del Tango en Buenos Aires Argentina del 25 Febrero al 8 de Marzo, Gracias mil por su apollo.

2y   Like   ◐2

Claribel Nevárez
Lisandra Lopez,   ◐1

2y   Like   See Translation

Lucy Nevarez
Gracias **Alfonso Lopez Chaar** (Papiño) por confiar en esta su servidora **Lucy Nevarez** y por toda la ayuda que me brindo incondicionalmente . es usted muy especial en mi vida , gracias por sus consejos y por estar siempre disponible para ayudarme . lo quiero mucho , un fuerte abrazo de su amiguita Lucy.

September 29, 2019
8:44 PM   Edit

1d   Like   Reply

Pipe Maldonado
Humilde   ◐◐2

1d   Like   Reply

Carlos Felipe
Alfonso Lopez Chaar fué, es y siempre será parte fundamental de nuestra niñez y adolescencia!!! Le debemos TANTO!!! Mi deseo de entrar al Servicio Público, en parte, se lo debo a él!! Dios lo bendiga, hoy y siempre!!!

●●●○○ AT&T LTE   10:02 PM   ⏻ 🔋⬛

<   Q Buscar

Gladys E. Villegas
Todos los que tenemos memoria tenemos gratos recuerdos de sus años de alcalde. Yo opino que el pueblo vivirá siempre de usted. Todos los doradeños decimos que pusiste a Dorado en el mapa. Gracias mucha salud y lo mejor para año nuevo

Hace 3 horas · Me gusta · Responder

Carmen M Castellano
Muchas bendiciones a usted y su familia. Mi papá trabajó con usted y lo tiene en gran estima.

Onix Agosto
Saludos papiño DTB

Edgardo Rivera Burgos
24 de febrero de 2015 ·

En mi Graduación de la Banda Municipal de Dorado...Con el entonces Alcalde **Alfonso Lopez Chaar** "Papiño"...Recuerdos!!!!

Lillian Rodriguez
The best forever and ever . . .
7 hours ago · Unlike · 👍 1 · Reply

Carmen Bruno-Colon
El mejor, gran ejemplo, Honorable Papiño. La hija de la difunta Queta y Julio Bruno enviandole saludos desde Connecticut. Que el Señor le bendiga!
5 hours ago · Unlike · 👍 1 · Reply

Antonia Vazquez
Gracisati alfomnso lopez chaar

Carlos E Quiles
Saludos y bendiciones
9 hours ago · Like · Reply

Catherine Valentín-Sierra
El día del Estudiante con el Gran Combo!! Jamás olvidaré esos tiempos!!!
9 hours ago · Like · Reply

William Ballesteros
El mejor alcalde de nuestro pueblo de Dorado y dio cátedra a los demás alcaldes de Puerto Rico el mejor Que Dios te bendiga siempre papiño
5 hours ago · Unlike · 👍 1 · Reply

Alfonso Lopez Chaar
Publicado por Alfonso Lopez Chaar
jueves a las 9:54 a. m. ·

○1

22 h   Me gusta   Responder

Altagracia Lara
Dios te bendiga sieeepre yo te lo dije un día tú pueblo te ama y te recuerda siempre con muchoooo amor y orgullo deberías escribir tus memorias para que trasciendas para toda la vida y se convierta en un libro de texto de las escuelas de Dorado

Jose Salgado
Uno de los mejores alcaldes de Dorado..oooo el mejor que a pasado por nuestro querido pueblo de Dorado aaa y soy P.N.P.
4 hours ago · Unlike · 👍 1 · Reply

Aida Reyes
El mejor Alcalde de Dorado fue Papiño muy buena persona siempre lo recordamos com mucho cariño
28 minutes ago · Unlike · 👍 1 · Reply

Vicente Gines
Grandes recuerdos y muchas satifacione y emociones nos brindaro. papino como alcalde lo mejor que a pasado por Doradoy como persona mucho mejor.
5 año(s) Me gusta   ○1

Alfonso Lopez Chaar
Jose Nevarez Landron

Ver perfil

 Johanna Lopez
Yo doy fe de esto y mucho mas que este hombre hizo por nuestro pueblo!!!
5 año(s) Me gusta   ○1

 Rosa Miranda Agosto
Graciassss, Alfonso Lopez Chaar Papiño.. Papi Casillas, te quería y respetaba mucho.....aún recuerdo cuando me cargabas en las inundaciones para montarme al bote.. .ti amooo, mi alcalde favorito.
7h Like Reply

 Monchy D. Class
Cuando yo vivi en Dorado en los huracanes David y Federico mi casa se tapó todo el frente de la casa y el se montó en la máquina y removio todo el manglar que se acumuló en la puerta y así pude entrar a mi casa y se lo agradeceré toda la vida

Awilda Negron
Alcarde cómo ése ninguno qué sé mojaba LOS pies CON AGUA sucia cuándo avia EN inundaciones EN ÉL caño sí importarle NADA y sé amanecía ayudando a salir las personas y subía arriba y sé metia ALAS CASA ayudar bue SER humano tremendo Alcarde Díos LES DÉ MUCHA SALUD

Siempre Seras Nuestro Alcalde Acuerdese
Hace 6 horas · Ya no me gusta ·
👍 3 · Responder

 Kelly Baez
Como usted NADIE
Por eso siempre lo seguimos...
El mejor💙
Muchas Bendiciones!
Hace 6 horas · Editado · Me gusta · 👍 2 · Responder

 Jenny Montanez Ortega
Mucho cariño que le tenemos a usted, nuestro eterno alcalde. La primera vez que lo ví fué para la tormenta David. Ayudandonos a salir, porque el rio se habia salido en la madrugada... Yo tenia 4 añitos.

 Mayra Lind
GlendaMartinez el mejor alcalde libra por libra
Hace 6 horas · Me gusta · 👍 1 ·

Juan Davila
Papiño ayudaba a todos en su pueblo pero, tambien ayudaba a otros municipios como lo hizo con Ponce cuando la catastrofe de Mameyes. Fue Papiño la primera ayuda externa al pueblo de Ponce con la flota de equipo para remocion de escombros y busqueda y rescate.
2 h Me gusta Responder
Carmen G. Gaetan respondió 3 respuesta

Anibal Ramos Perez
Papiño el mejor gracia hermano
1 h Me gusta Responder

Kelly Baez
Alfonso Lopez Chaar el mejor Mis respetos!
3 h Me gusta Responder

David E Gomez Belaval
Alfonso Lopez Chaar (Papiño) el mejor alcalde!

4 h Me gusta Responder

Mayso Jackie
Gracias, por todo lo que hizo por Dorado. Ya no existen alcaldes como lo fue usted. Ese contacto con la gente, sin importar ideologías, lo caracterizaba y dio fe de su misericordia por los demás. Gracias, por todo. Llevo buenos recuerdos de usted♥
2 h Me gusta Responder

Carmen Alvarez
Apreciado y querido Papiño. Nunca olvido que en las inundaciones uno de los primeros en llegar a Villa Plata era usted, sacando gente y ayudandonos. Tambien el primero en repartir platanos y otros viveres era usted. Nunca yo habia visto una inundacion tan de cerca como me tocaron en Villa Plata. Gracias por siempre estar mi presente para nosotros . Lo recuerdo con mucho cariño. Por su devocion y desinteres para ayudar a su pueblo.

<   **Alfonso's Post**   ...

Tomándome un cafecito debajo de un palo de
PANAPEN
Disfrutamos en cantidad.
HICIERON MI DÍA. Gracias

👍 Like   💬 Comment   ↪ Share

👍❤️ 40

<   **Alfonso's Post**   ...

me apunto para el oteo cafesito,,,y junto al mejor alcalde de la historia...gustele a quien no le guste
34m Like Reply

Write a reply...

Myrna Mendez
El mejor café lo hace ella....Ana... 😘 ❤️ que bueno que estés disfrutando con la gente que te quiere. Bendiciones para todos. 🤍😘
31m Like Reply

Eliazar Galíndez Meléndez
Hermano tu te ganaste el amor de un pueblo como el mejor alcalde de Dorado ayer te salude de la Parada de los trolls muchas bendiciones Dtbm.

Darmaris Adorno
The best
8 minutes ago · Like · Reply

Darmaris Adorno
Y que se atrevan a decir lo contrario

Write a reply...

Mayra Lind
Esooo mi alcalde por siempre el que puso a Dorado en el mapa el que sabe sabe
7 minutes ago · Like · Reply

Pablo Negrón Martinez
El mejor alcalde que ha tenido Dorado . Ahora **Rafael Tatito Hernandez 2020**
Just now · Like · Reply

Zoraida Rios
Que recuerdos tan lindo te queremos mucho papiño papi que en paz descanse siempre nos dijo a todo que .te queria como un hijo.Dios te bendiga mucho a tu esposa y demas fam
Love zoraida Hija Luis Rios
Just now · Like · Reply

Jose A. Cruz
Aunque no me conoces bien personalmente le tengo mucho respeto porque has sido un buen hombre y buen servidor público. Soy PNP pero siempre le di mi voto.recuerdo cuándo lo vi por primera vez en Villa Santa estabas removiendo una chatarra con un digger. Y un vecino me dijo mira Papo ese es el Alcalde Papiño. Felicidades en su día Dlb.

Judith Santana
Alfonso López Chaar tremendo ser humano te adoro muchas bendiciones y q Dios te cuide y proteja siempte
6h Like Reply

Junior Concepción
Felicitacionesy adelante espero verte pronto.

Catherine Ocasio de López
Muy merecido ese premió. Usted es de los pocos alcalde q tbj por su pueblo con mucho amor. Dlbm
26 minutes ago · Like · Reply

Juanita Lopez Cruz
Tu obra, servicio y humildad siempre será recordada en nuestro pueblo.
15 minutes ago · Like · Reply

140

Lulu Spatola

Cuanto extraño los tiempos de Dorado bajo la administración de Papiño es más hasta nuestra casa se la debemos a el me acuerdo cuando yo trabajaba en el Tennis Pro Shop de Cerromar cuando el iba a jugar tennis con su señora y el siempre el mismo, amable y simpático y todo un caballero Gracias mil Papiño 🙏 aquellos tiempos cuando nos íbamos con un grupo hacerle campaña y nos subíamos en una guagua con el x todos los pueblos eran buenos tiempos mi vida en la calle norte cerca de la plaza de Dorado eran únicos 🖤

2d Like Reply

 Angel Mercado

Papiño usted siempre ha sido un caballero humilde.Tengo 56 años y llegue a Doravil a los 9 años mi madre que en paz descanse comenzó a construir una casita en madera y nunca se me olvida y estoy más que agradecido qué gracias a usted se pudo hacer el pozo muro pues me acuerdo que usted en una visita al barrio como siempre lo hacía para ayudar al blanco al negro al pobre al menos pobre no tardó Ni media hora y llegó con el digger pico palas y nos resolvió con su enorme corazón.

15h Like Reply   ⭕🔵3

 Hector Agosto

Usted es el mejor

1 hour ago · Like · Reply

 Ivan Salgado Maysonet

Aurea Diaz , como yo siempre digo , si se hubiera quedado hasta el Record Guinness le hubiera dado por ser el Alcalde con mas años de service en una Alcaldia. Pero Dios sabe el por que de Las cosas. Excelente Ser Humano. Dios lo bendiga siempre **Alfonso Lopez Chaar.** PAPIÑO

1 hour ago · Like · Reply

 Erick Herrera

Alfonso Lopez Chaar me encantan sus posts. Soy de Hatillo, mi padre QPD, fue intimo colaborador de Guito Avila y Francisco "Pancho" Deida. Siempre le veian a usted como un modelo de alcalde. Sin duda su herencia en el pueblo de Dorado ha transcendido partidos y se refleja en el bienestar que hoy disfrutamos. Ya llevo 13 años aqui y me siento doradeño. Espero algun dia pagar con mi servicio a nuestro pueblo el bien que he recibido. Gracias.

Jaime Toro

Wao! Esta foto es de Julio 11, 1981. Yo comenzé a trabajar con Papiño en el Municipio de Dorado, el 9 de Julio de 1981. Del que puedo decir que fué mi maestro y modelo a imitar en el servicio público. Su liderato, y sus enseñanzas como un extraordinario administrador de las finanzas municipales y de todos los recursos de su municipio fueron la base que aprendí y me ayudó en el éxito que obtuve en mis 23 años de servicio trabajando para los municipios de Dorado, Vega Alta y Vega Baja. Le doy gracias a Dios por la oportunidad que me dió de iniciar mi carrera en el servicio público junto a una persona

como Alfonso López Chaar. Que el Señor le dé muchos años de vida, paz y felicidad. Papiño sigue muy dentro del corazón de todos aquéllos que tuvimos la oportunidad de crecer cerca de él. Recordamos y reconocemos su trabajo por nuestro querido, Dorado.

6y Like Reply ○2

 Judith Borunet Sanchez
100% true!

6y Like Reply

 Genaro Marrero
TREMENDO EX ALCALDE (NO SE PORQUE NO SE POSTULO MAS)

Juan A Davila
Saludos y que DIOS lo bendiga SR. López Chaar. Soy el que fuí líder de un grupo en los *años 70* y con su ayuda se logró despropiar terrenos *al SR.* Oscar Nevares, para construir el parque de beisbol que actualmete lo disfrutan en el Bo. *Río Lajas.*
Saludos.
20 min Me gusta Responder ○1

●●○○○ AT&T LTE   1:09 PM
Q Search

Janet Lind
Papiño el nene de angelina sostre mi abuela gratos recuerdo de las caravanas y reparticion de banderas mi alcalde por siempre
54 minutes ago · Edited · Like · 👍 2 · Reply

Cielito Ortiz
Seras NUESTRO ALCALDE TODA LA VIDA
48 minutes ago · Like · Reply

Joe Vázquez
Usted fue el mejor alcalde que a pasado por ese pueblo. Mi abuela Cayita PNP reventa y era loca con Su Papiño. Saludos un abrazo.
30 minutes ago · Like · 👍 1 · Reply

Write a comment... 😊   Post

264   5

Fotografías

Con papi y otras momentos de mi niñez.

Mi abuelo con papi

Papi con el doctor Arrillaga

Actividad política. De derecha a izquierda: Representante Luis Felipe Díaz,
Raúl Latoni, Jorge Concepción, Severo Colberg y este servidor

Primera juramentación como Alcalde en enero de 1973

Con dos ex alcaldes de Dorado: Eladio Rodríguez (a mi lado derecho)
y Nolo Morales (a mi lado izquierdo) en mi toma de posesión

Fotos con miembros de la Asamblea Municipal durante mi primera
juramentación como alcalde de Dorado en enero de 1977

Reunido con ciudadanos
escuchando sus inquietudes

Compartiendo con Mirta Silva
durante inauguracion del primer
Hogar Crea en Dorado

Con mi querida madre y compueblanos en la celebración de mi toma de posesión de 1976

Tomando café con empleadas de la fábrica Emerson

Compartiendo con distintos atletas, boxeadores y peloteros de Dorado

En mi oficina en la alcaldía de Dorado

Recibiendo premio "Dorado, ciudad más limpia de Puerto Rico" de manos del alcalde de Bayamón, Ramón Luis Rivera y del Director de la Junta de Planificación, Ing. Santos Rohena.

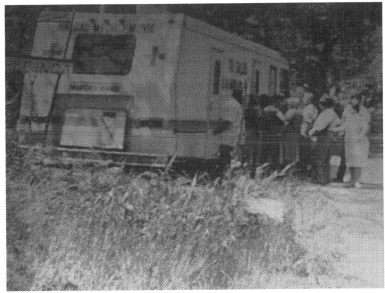

Unidad médico móvil

En sentido de las manecillas del reloj: con don Ángel "Músico"
Hernández; don Marcos Alegría; don Marcelino Canino; don
Pelegrín Santana, y con el artesano don Adam Cesáreo.

Compartiendo con el cineasta
y artista Jacobo Morales

Con Juan Boria visitando la construcción
del teatro que llevaría su nombre.
Abajo el día de la inauguración del teatro

En el entierro de nuestra
querida Munda

Frente a La Esquina Famosa con
Múcura, Peter El Florero, Kike,
Cristoque, Raquel Miranda, entre amigos

En alguna actividad con el gobernador Rafael Hernández Colón

Compartiendo con el alcalde de San
Juan, Hernán Padilla y su esposa

Arriba: Con el Alcalde de la ciudad
de Nueva York, Ed Koch
Abajo: Con Gerena Valentín y Olga
Méndez senadora por New York

Inaugurando el edificio del Centro de Gobierno de Dorado con Atilano Cordero Badillo, el gobernador Rafael Hernández Colon y la primera dama, doña Lila

Con doña Felisa Rincón Vda. de Gautier

Compartiendo con el gobernador
don Luis Muñoz Marín

Avión atravesando las calles de Dorado en ruta hacia el Parquecito. Compartiendo con los niños el día de la inauguración del Parquecito. Reseña en un periódico local

Memento en que el licenciado Héctor Luis Acevedo me toma juramento como Secretario de Estado mientras obversa el gobernador Hernandez Colón, 10 de enero 1988

Con el gobernador don Luis A. Ferre, Bubo Gómez, Sister Isolina Ferre, Ricki mi esposa y otros invitados

Como gobernador interino recibiendo al gran actor Raúl Juliá a La Fortaleza

Con la leyenda musical Felipe "La Voz" Rodríguez en ocasión del homenaje que le rindiéramos en el Capitolio

Con Felipe "La Voz" Rodríguez y el gobernador Rafael Hernández Colón

Con Zaida "Cucusa" Hernández y la gran Ruth Fernández en
ocasión de homenaje que recibió en el Capitolio

Referencias

(1) Nelson Mandela. CNN Español (2013) Frases Memorables de Nelson Mandela http://cnnespanol.cnn.com/2013/11/05/las-frases-memorables-de-nelson-mandela/

(2) Belgrano, Manuel (General). (1813) Despedida de Washington al Pueblo de los Estados Unidos. Traducida de su original con una introducción por el General Belgrano. P.28. The Latin American Collection of the Library at the University of Texas in Austin. The Simon Lucuix Rio de la Plata Library. Purchased 1963. https://books.google.com/books?id=MrwMAAAAYAAJ&pg=PA29&lpg=PA29&dq=George+washington+esp%C3%ADritu+de+partido&source=bl&ots=Nw8H3WONZ3&sig=Wde5nuBAM15KkPN2jMh5MMRrwaw&hl=en&sa=X&ved=0ahUKEwiapsXo_7zaAhWJxVkKHfx9BKoQ6AEIYzAG#v=onepage&q=George%20washington%20esp%C3%ADritu%20de%20partido&f=false

(3) Real Academia Española. Diccionario en línea. 2018. Edición del Tricentenario actualizada 2017. Político (a). http://dle.rae.es/?id=Ta2HMYR

(4) EcuRed. Participación de Puerto Rico en Juegos Olímpicos, información publicada en Sports-Reference.com. Consultado el 11 de octubre de 2012. https://www.ecured.cu/Puerto_Rico_en_los_Juegos_Olímpicos_de_Múnich_1972

(5) Wikipedia. Miss Universe 1972. https://en.wikipedia.org/wiki/Miss_Universe_1972

(6) Lod Airport Massacre. 1972. https://en.wikipedia.org/wiki/Lod_Airport_massacre

(7) Ramirez, Reniet. History of the Mar Y Sol Pop Festival Puerto Rico 1972. https://marysol-festival.com/history-menu/festival-history

(8) Vicente Echerri (2015). La muerte anticipada y noble de Roberto Clemente https://es-us.noticias.yahoo.com/blogs/historia-pendiente/la-muerte-anticipada-y-noble-de-roberto-clemente-184825214.html

(9) U.S. Department of the Interior. National Park Service. National Register of Historic Places. La Casa del Rey. https://www.nps.gov/nr/about.htm

(10) Comisión Estatal de Elecciones del Estado Libre Asociado de Puerto Rico. Resumen resultados elecciones. http://www.ceepur.org/es-pr/Paginas/default.aspx

(11) Robert Green Ingersoll. Selections from his Oratory and Writings. Abraham Lincoln. 1884. Revised Edition, 1888. https://www.bartleby.com/400/prose/1827.html

(12) El Poder Emborracha. Letra íntegra de la canción usada con permiso del autor, señor Horacio Blanco, Vocalista y Líder de la Banda Desorden Público. Pasquale A. Spolzino, Gerente de la Banda Desorden Público. (2013).

Anexos

Mientras recopilaba información para este libro, se me hizo más evidente la escasez de material disponible en el dominio público específicamente de mi tiempo como alcalde. Eso es incomprensible pues me consta la cantera de datos, fotografías, vídeos, discursos, artículos, noticias, tarjas, placas, monumentos, y reconocimientos que se generaron durante mis administraciones en Dorado. Más bien, sería porque nadie se había adjudicado la iniciativa de compilar la historia verídica acontecida para así preservarla y compartirla por medio de la publicación.

En este nuestro presente, dominado por la revolución informática y de tecnología digital más avanzada, es casi imposible no conseguir información histórica de algo o alguien. Cuando todo aparenta estar a un "click" de distancia y el lapso de espera de gratificación se ha reducido a un instante, resulta increíble que catorce años de las crónicas de un pueblo no hayan estado documentados para conocimiento de todos.

Hasta ahora he venido a realizar que las escasas cajas de material que todavía conservo, aunque desorganizadas, incompletas, amarillentas y mancilladas por la humedad y el pasar de los años, valen oro. Bien pudieran ser el restante único de datos que narran la historia, no necesariamente de mi gestión como alcalde, sino más bien la del pueblo de Dorado desde el 1973 al 1987.

Teniendo esto presente y ante la posibilidad de que esta publicación sea la única que intenta acopiar estos 14 años del desarrollo colectivo de nuestro pueblo, me estoy tomando la libertad de anejar selección de documentos diversos: artículos, misivas, fotografías y otras que considero relevantes. Algunos están mencionados en las páginas de este libro; otros no, pero incluyéndolos aquí me aseguro de que no queden dispersos ni desaparezcan en el espacio abierto de la memoria endeble.

Así, en el futuro, cuando ya tanto yo como mis viejas cajas dejemos de ser, siempre estará este tomo con detalles del período en la vida de Dorado en que con dedicación y entrega fungí como alcalde. Ese fue para mí el gran honor de mi vida, por el cual siempre estaré agradecido con la gente que me dio su voto de confianza, y con el equipo de trabajo que me acompañó en esa gesta.

Guía de Anexos

ELECCIONES, DISCURSOS, INFORME LOGROS

Resultados Elecciones

Discurso Toma Posesión Alcalde Electo – 1973, 1977, 1985

Informe Primera Administración Municipio de Dorado – 1973-74

Discurso Despedida – 1987

FIESTAS PATRONALES

Programas Fiestas Patronales de Dorado – 1973

MISIVAS Y OTROS ESCRITOS

Carta de Joyce Glamaris sobre concierto de Menudo – enero 1985

Carta de Marciano (Chanito) Navedo – junio 1987

Carta del Rvdo. Arturo de Jesús – junio 1987

Carta de ALC al Rvdo. Arturo de Jesús – junio 1987

Carta RHC aceptando renuncia a re postulación alcalde PPD Dorado – junio 1987

Carta renuncia a Asesor Legislativo – enero 1988

Carta renuncia a Secretario de Estado – marzo 1988

Carta RHC aceptación renuncia Secretario de Estado – abril 1988

Carta empleados del Departamento de Estado a RHC – mayo 1988

Carta RHC de agradecimiento – mayo 1988

Carta de Jaime Benítez – mayo 1988

Carta de ciudadana Lydia Concepción – noviembre 1995

Documento Jaime Toro - 2013

Documento Rigoberto Carrión – 2013

ARTICULOS, COLUMNAS, NOTICIAS Y OTROS

Borrador columna Érase Una Vez

Noticias sueltas y recortes de periódicos

Elecciones Generales (Gobernación, Comisaría Residente y Alcaldía Dorado)

1972 Gobernador de Puerto Rico	Votos	%
Rafael Hernández Colón (PPD)	5,298	61.4
Luis A. Ferré (PNP)	2,840	32.9
Noel Colón Martínez (PIP)	411	4.8
Alfredo Nazario (PP)	58	0.7
Antonio J. González (PUP)	12	0.1
Jorge Luis Landing (PAS)	6	0.1
Total	8,625	

Resultados de votos para alcalde de Dorado 1972 no fueron encontrados en la página web de la Comisión Estatal de Elecciones.

1976
Gobernador de Puerto Rico

	Votos	%
Rafael Hernández Colón (PPD)	5,504	54.7
Carlos Romero Barceló (PNP)	3,844	38.2
Rubén Berríos Martínez (PIP)	649	6.4
Juan Mari Bras (PSP)	74	0.7
Total	10,071	

Alcalde de Dorado

	Votos	%
Alfonso López Chaar (PPD)	5,772	57.3
Raúl Tirado Gracia (PNP)	3,700	36.8
Ángel Rafael Santana Concepción (PIP)	526	5.2
Pedro J. Andino Cáceres (PSP)	68	0.7
Total	10,066	

1980
Gobernador de Puerto Rico

	Votos	%
Rafael Hernández Colón (PPD)	7,129	55.6
Carlos Romero Barceló (PNP)	4,940	38.6
Rubén Berríos Martínez (PIP)	710	5.5
Luis Lausell Hernández (PSP)	34	0.3
Total	12,813	

Comisionado Residente

	Votos	%
José Arsenio Torres (PPD)	7,075	55.8
Baltasar Corrada del Río (PNP)	4,919	38.8
Marta Font de Calero (PIP)	684	5.4
Total	12,678	

Alcalde de Dorado

	Votos	%
Alfonso López Chaar (Papiño) (PPD)	7,543	58.9
Alberto Vázquez Rosado (PNP)	4,732	37.0
Ángel R. Santana Concepción (PIP)	489	3.8
Hernán Ortiz Montañez (PSP)	37	0.3
Total	12,801	

1984

Gobernador de Puerto Rico

	Votos	%
Rafael Hernández Colón (PPD)	8,061	55.4
Carlos Romero Barceló (PNP)	5,381	37.0
Fernando Martín García (PIP)	609	4.2
Hernán Padilla Ramírez (PRP)	498	3.4
Total	14,549	

Comisionado Residente

	Votos	%
Jaime B. Fuster (PPD)	8,058	56.3
Nelson Famadas (PNP)	5,349	37.4
Francisco A. Catalá Oliveras (PIP)	634	4.4
Ángel Viera Martínez (PRP)	261	1.8
Total	14,302	

Alcalde de Dorado

	Votos	%
Alfonso López Chaar (Papiño) (PPD)	9,390	64.9
Ernesto Santiago (PNP)	4,450	30.7
José G. Rodríguez Santiago (PIP)	511	3.5
Wilson Torréns Peterson (PRP)	124	0.9
Total	14,475	

Consulta de Resultados Gobernación Nivel Isla
Fecha Elecciones: 7 de noviembre de 1972

Municipio	Rafael Hernández Colón (PPD) Votos	%	Luis A. Ferré (PNP) Votos	%	Noel Colón Martínez (PIP) Votos	%	Alfredo Nazario (PP) Votos	%	Antonio J. González (PUP) Votos	%	Jorge Luis Landing (PAS) Votos	%	Total
Adjuntas	4,603	51.6	3,968	44.4	311	3.5	31	0.3	13	0.1	2	0.0	8,928
Aguada	5,222	49.7	4,586	43.7	644	6.1	32	0.3	12	0.1	1	0.0	10,497
Aguadilla	10,251	50.2	9,111	44.6	967	4.7	64	0.3	34	0.2	6	0.0	20,433
Aguas Buenas	4,671	51.8	3,663	40.6	654	7.3	26	0.3	0	0.0	0	0.0	9,014
Aibonito	5,392	58.7	3,173	34.5	575	6.3	29	0.3	15	0.2	2	0.0	9,186
Añasco	4,939	53.4	4,053	43.8	234	2.5	18	0.2	9	0.1	3	0.0	9,256
Arecibo	20,359	51.0	17,540	43.9	1,816	4.6	136	0.3	49	0.1	9	0.0	39,909
Arroyo	3,251	48.8	2,692	40.4	714	10.7	9	0.1	0	0.0	0	0.0	6,666
Barceloneta	4,516	53.6	3,370	40.0	370	4.4	154	1.8	15	0.2	2	0.0	8,427
Barranquitas	4,741	52.8	3,427	38.2	771	8.6	28	0.3	11	0.1	2	0.0	8,980
Bayamón	37,207	48.9	34,098	44.8	4,344	5.7	164	0.2	277	0.4	44	0.1	76,134
Cabo Rojo	7,178	54.3	4,759	36.0	1,189	9.0	21	0.2	62	0.5	4	0.0	13,213
Caguas	23,368	51.1	19,682	43.0	2,517	5.5	80	0.2	109	0.2	4	0.0	45,760
Camuy	5,815	53.2	4,634	42.4	436	4.0	33	0.3	8	0.1	3	0.0	10,929
Canóvanas	6,668	58.4	3,436	30.1	1,214	10.6	80	0.7	19	0.2	1	0.0	11,418
Carolina	22,006	50.0	19,408	44.1	2,299	5.2	116	0.3	189	0.4	30	0.1	44,048
Cataño	5,058	43.5	5,833	50.2	693	6.0	20	0.2	16	0.1	6	0.1	11,626
Cayey	10,601	58.0	6,430	35.2	1,199	6.6	33	0.2	21	0.1	3	0.0	18,287
Ceiba	2,247	52.9	1,801	42.4	155	3.6	40	0.9	5	0.1	2	0.0	4,250
Ciales	3,780	50.1	3,343	44.3	277	3.7	127	1.7	15	0.2	2	0.0	7,544
Cidra	5,213	51.5	4,233	41.8	620	6.1	27	0.3	19	0.2	3	0.0	10,115
Coamo	6,530	51.4	5,779	45.5	364	2.9	22	0.2	10	0.1	1	0.0	12,706
Comerío	4,575	57.0	2,912	36.3	495	6.2	37	0.5	11	0.1	1	0.0	8,031
Corozal	6,182	50.0	5,684	46.0	445	3.6	12	0.1	28	0.2	2	0.0	12,353
Culebra	288	60.5	149	31.3	38	8.0	1	0.2	0	0.0	0	0.0	476
Dorado	5,298	61.4	2,840	32.9	411	4.8	58	0.7	12	0.1	6	0.1	8,625
Fajardo	5,918	47.6	5,970	48.0	500	4.0	27	0.2	14	0.1	6	0.0	12,435
Florida	1,703	50.7	1,430	42.6	189	5.6	30	0.9	3	0.1	1	0.0	3,356
Guánica	3,835	48.7	3,533	44.9	452	5.7	41	0.5	13	0.2	1	0.0	7,875
Guayama	8,667	52.7	6,686	40.7	1,033	6.3	41	0.2	11	0.1	4	0.0	16,442
Guayanilla	5,088	54.2	3,615	38.5	639	6.8	31	0.3	13	0.1	2	0.0	9,388
Guaynabo	13,968	46.2	14,579	48.2	1,515	5.0	56	0.2	132	0.4	11	0.0	30,261
Gurabo	5,760	57.3	3,678	36.6	574	5.7	39	0.4	7	0.1	2	0.0	10,060
Hatillo	6,382	55.0	4,668	40.3	523	4.5	8	0.1	12	0.1	3	0.0	11,596
Hormigueros	3,293	58.3	2,002	35.4	297	5.3	52	0.9	6	0.1	3	0.1	5,653
Humacao	11,062	61.1	6,274	34.7	693	3.8	61	0.3	4	0.0	1	0.0	18,095
Isabela	8,324	55.3	5,524	36.7	1,116	7.4	70	0.5	12	0.1	0	0.0	15,046
Jayuya	3,077	48.7	2,823	44.7	352	5.6	55	0.9	5	0.1	0	0.0	6,312

Juana Díaz	7,658	52.6	6,456	44.3	414	2.8	14	0.1	15	0.1	6	0.0	14,563
Juncos	6,461	57.0	4,303	37.9	548	4.8	18	0.2	10	0.1	2	0.0	11,342
Lajas	5,039	60.4	2,901	34.8	344	4.1	35	0.4	18	0.2	3	0.0	8,340
Lares	6,108	54.5	4,218	37.6	838	7.5	27	0.2	16	0.1	1	0.0	11,208
Las Marías	2,320	61.0	1,274	33.5	174	4.6	28	0.7	4	0.1	1	0.0	3,801
Las Piedras	5,222	51.8	4,615	45.8	188	1.9	47	0.5	9	0.1	1	0.0	10,082
Loíza	2,402	37.5	3,702	57.9	278	4.3	9	0.1	6	0.1	2	0.0	6,399
Luquillo	2,932	50.9	2,561	44.5	223	3.9	21	0.4	20	0.3	3	0.1	5,760
Manatí	8,375	50.2	7,346	44.0	891	5.3	35	0.2	45	0.3	4	0.0	16,696
Maricao	1,612	53.9	1,280	42.8	90	3.0	4	0.1	4	0.1	2	0.1	2,992
Maunabo	2,467	48.9	1,944	38.6	524	10.4	38	0.8	65	1.3	3	0.1	5,041
Mayagüez	22,460	54.3	16,646	40.2	2,099	5.1	76	0.2	72	0.2	11	0.0	41,364
Moca	5,056	48.6	4,916	47.2	422	4.1	7	0.1	4	0.0	0	0.0	10,405
Morovis	5,063	54.6	3,811	41.1	337	3.6	51	0.5	13	0.1	3	0.0	9,278
Naguabo	5,153	53.6	4,238	44.1	191	2.0	18	0.2	6	0.1	3	0.0	9,609
Naranjito	6,515	61.5	3,642	34.4	391	3.7	14	0.1	31	0.3	0	0.0	10,593
Orocovis	4,531	49.3	4,330	47.1	315	3.4	11	0.1	4	0.0	2	0.0	9,193
Patillas	4,426	53.2	3,421	41.1	422	5.1	47	0.6	6	0.1	4	0.0	8,326
Peñuelas	4,020	50.5	3,286	41.3	558	7.0	80	1.0	9	0.1	2	0.0	7,955
Ponce	32,225	45.9	34,531	49.2	3,057	4.4	78	0.1	314	0.4	37	0.1	70,242
Quebradillas	4,204	54.5	3,064	39.8	426	5.5	7	0.1	6	0.1	1	0.0	7,708
Rincón	2,939	60.0	1,699	34.7	228	4.7	28	0.6	2	0.0	0	0.0	4,896
Río Grande	5,686	52.2	4,634	42.6	529	4.9	16	0.1	17	0.2	2	0.0	10,884
Sabana Grande	6,173	67.6	2,634	28.9	287	3.1	20	0.2	10	0.1	1	0.0	9,125
Salinas	6,307	60.4	3,641	34.9	461	4.4	14	0.1	9	0.1	15	0.1	10,447
San Germán	7,767	57.7	5,061	37.6	554	4.1	62	0.5	12	0.1	3	0.0	13,459
San Juan	103,856	44.6	113,987	48.9	13,554	5.8	392	0.2	1,133	0.5	139	0.1	233,061
San Lorenzo	6,768	49.2	6,568	47.8	380	2.8	14	0.1	16	0.1	1	0.0	13,747
San Sebastián	7,919	51.9	5,686	37.2	1,633	10.7	19	0.1	11	0.1	1	0.0	15,269
Santa Isabel	3,698	49.4	3,320	44.4	441	5.9	10	0.1	13	0.2	2	0.0	7,484
Toa Alta	4,630	54.3	3,419	40.1	436	5.1	31	0.4	8	0.1	1	0.0	8,525
Toa Baja	10,173	52.1	7,810	40.0	1,368	7.0	125	0.6	39	0.2	12	0.1	19,527
Trujillo Alto	6,767	50.2	5,603	41.6	863	6.4	185	1.4	61	0.5	5	0.0	13,484
Utuado	8,142	51.7	6,631	42.1	879	5.6	97	0.6	3	0.0	3	0.0	15,755
Vega Alta	5,641	54.3	3,928	37.8	628	6.0	150	1.4	42	0.4	8	0.1	10,397
Vega Baja	8,907	51.6	7,123	41.2	1,132	6.6	101	0.6	12	0.1	1	0.0	17,276
Vieques	1,933	50.3	1,659	43.2	169	4.4	79	2.1	2	0.1	0	0.0	3,842
Villalba	4,196	51.2	3,754	45.8	218	2.7	15	0.2	5	0.1	1	0.0	8,189
Yabucoa	7,599	52.6	6,084	42.1	734	5.1	22	0.2	7	0.0	2	0.0	14,448
Yauco	8,470	53.5	6,497	41.0	795	5.0	53	0.3	21	0.1	6	0.0	15,842
Total, Puerto Rico	658,856	50.7	563,609	43.4	69,654	5.4	4,007	0.3	3,291	0.3	467	0.0	1,299,884

Consulta de Resultados Gobernación Nivel Isla
Fecha Elecciones: 2 de noviembre de 1976

Municipio	Carlos Romero Barceló (PNP) Votos	%	Rafael Hernández Colón (PPD) Votos	%	Rubén Berríos Martínez (PIP) Votos	%	Juan Mari Bras (PSP) Votos	%	Total
Adjuntas	4,439	48.8	4,353	47.8	289	3.2	22	0.2	9,103
Aguada	6,613	50.6	5,741	43.9	560	4.3	167	1.3	13,081
Aguadilla	12,345	50.9	10,717	44.2	1,019	4.2	165	0.7	24,246
Aguas Buenas	4,442	44.5	4,794	48.0	705	7.1	50	0.5	9,991
Aibonito	3,366	34.9	5,655	58.6	564	5.8	58	0.6	9,643
Añasco	5,128	47.1	5,493	50.5	249	2.3	9	0.1	10,879
Arecibo	21,478	49.5	19,749	45.5	1,900	4.4	246	0.6	43,373
Arroyo	3,440	47.1	3,279	44.9	566	7.7	22	0.3	7,307
Barceloneta	4,686	49.3	4,433	46.6	278	2.9	114	1.2	9,511
Barranquitas	4,650	46.0	4,730	46.8	665	6.6	72	0.7	10,117
Bayamón	46,483	50.0	39,249	42.2	6,607	7.1	614	0.7	92,953
Cabo Rojo	6,104	38.9	7,672	48.9	1,775	11.3	149	0.9	15,700
Caguas	25,670	47.7	24,371	45.3	3,318	6.2	474	0.9	53,833
Camuy	5,481	46.2	5,959	50.2	330	2.8	96	0.8	11,866
Canóvanas	5,497	40.6	7,192	53.1	803	5.9	40	0.3	13,532
Carolina	34,914	51.3	27,835	40.9	4,880	7.2	444	0.7	68,073
Cataño	6,382	55.8	4,276	37.4	712	6.2	66	0.6	11,436
Cayey	7,581	40.5	10,010	53.4	990	5.3	151	0.8	18,732
Ceiba	2,371	49.3	2,256	46.9	155	3.2	28	0.6	4,810
Ciales	4,335	52.7	3,690	44.9	156	1.9	46	0.6	8,227
Cidra	5,710	46.5	5,751	46.8	782	6.4	47	0.4	12,290
Coamo	6,970	49.1	6,695	47.1	505	3.6	31	0.2	14,201
Comerío	3,533	40.4	4,676	53.5	465	5.3	72	0.8	8,746
Corozal	6,888	49.9	6,404	46.4	498	3.6	18	0.1	13,808
Culebra	184	32.7	315	56.0	63	11.2	0	0.0	562
Dorado	3,844	38.2	5,504	54.7	649	6.4	74	0.7	10,071
Fajardo	7,123	50.5	6,183	43.8	733	5.2	78	0.6	14,117
Florida	1,548	46.6	1,588	47.8	174	5.2	9	0.3	3,319
Guánica	4,075	47.4	3,987	46.4	479	5.6	55	0.6	8,596
Guayama	7,523	44.2	8,408	49.4	983	5.8	118	0.7	17,032
Guayanilla	4,207	43.3	4,612	47.5	791	8.1	96	1.0	9,706
Guaynabo	19,436	53.6	14,399	39.7	2,192	6.0	211	0.6	36,238
Gurabo	4,585	42.7	5,731	53.4	332	3.1	85	0.8	10,733
Hatillo	5,818	44.1	6,928	52.5	385	2.9	73	0.6	13,204
Hormigueros	2,795	41.1	3,596	52.9	392	5.8	13	0.2	6,796
Humacao	8,369	41.4	10,757	53.2	928	4.6	149	0.7	20,203
Isabela	6,975	42.4	8,476	51.6	817	5.0	168	1.0	16,436
Jayuya	3,678	51.5	3,029	42.4	396	5.5	41	0.6	7,144

Juana Díaz	8,444	51.0	7,495	45.2	569	3.4	61	0.4	16,569
Juncos	5,663	47.3	5,796	48.4	452	3.8	64	0.5	11,975
Lajas	4,134	42.1	5,265	53.6	404	4.1	24	0.2	9,827
Lares	5,513	43.8	6,320	50.2	671	5.3	85	0.7	12,589
Las Marías	1,534	37.7	2,354	57.9	176	4.3	4	0.1	4,068
Las Piedras	5,801	51.2	5,205	45.9	285	2.5	47	0.4	11,338
Loíza	4,504	62.3	2,441	33.8	271	3.7	12	0.2	7,228
Luquillo	3,350	53.1	2,733	43.3	193	3.1	38	0.6	6,314
Manatí	8,712	49.3	8,124	46.0	728	4.1	97	0.5	17,661
Maricao	1,484	46.3	1,626	50.8	90	2.8	3	0.1	3,203
Maunabo	2,536	45.9	2,553	46.2	396	7.2	46	0.8	5,531
Mayagüez	20,321	45.5	21,274	47.6	2,846	6.4	257	0.6	44,698
Moca	6,429	51.3	5,697	45.4	385	3.1	33	0.3	12,544
Morovis	4,464	44.1	5,347	52.8	215	2.1	103	1.0	10,129
Naguabo	4,818	48.0	4,978	49.6	217	2.2	33	0.3	10,046
Naranjito	4,285	37.1	6,714	58.1	499	4.3	56	0.5	11,554
Orocovis	4,677	48.1	4,685	48.2	264	2.7	97	1.0	9,723
Patillas	4,145	47.3	4,029	46.0	536	6.1	51	0.6	8,761
Peñuelas	3,826	44.3	4,118	47.7	601	7.0	91	1.1	8,636
Ponce	41,157	52.2	32,199	40.8	4,951	6.3	586	0.7	78,893
Quebradillas	3,906	44.1	4,485	50.6	433	4.9	33	0.4	8,857
Rincón	2,242	40.4	3,089	55.7	207	3.7	11	0.2	5,549
Río Grande	6,901	48.9	6,389	45.3	730	5.2	84	0.6	14,104
Sabana Grande	3,362	33.9	6,128	61.8	383	3.9	37	0.4	9,910
Salinas	4,105	36.6	6,605	58.8	462	4.1	56	0.5	11,228
San Germán	6,724	44.5	7,448	49.3	831	5.5	107	0.7	15,110
San Juan	116,883	52.4	86,784	38.9	16,472	7.4	2,728	1.2	222,867
San Lorenzo	7,994	51.6	7,039	45.5	405	2.6	45	0.3	15,483
San Sebastián	7,175	42.2	8,465	49.8	1,253	7.4	119	0.7	17,012
Santa Isabel	4,011	47.6	4,017	47.7	352	4.2	43	0.5	8,423
Toa Alta	5,445	47.8	5,301	46.5	569	5.0	82	0.7	11,397
Toa Baja	15,257	49.6	12,997	42.3	2,198	7.2	278	0.9	30,730
Trujillo Alto	9,833	48.4	8,591	42.3	1,668	8.2	223	1.1	20,315
Utuado	8,647	50.5	7,664	44.8	669	3.9	133	0.8	17,113
Vega Alta	5,825	46.0	6,091	48.1	610	4.8	145	1.1	12,671
Vega Baja	9,449	47.4	9,314	46.7	1,069	5.4	98	0.5	19,930
Vieques	1,879	45.6	2,033	49.3	183	4.4	30	0.7	4,125
Villalba	4,523	51.5	4,088	46.5	161	1.8	12	0.1	8,784
Yabucoa	7,218	44.9	8,226	51.2	489	3.0	149	0.9	16,082
Yauco	8,126	46.3	8,201	46.8	1,059	6.0	156	0.9	17,542
Total, Puerto Rico	703,968	48.3	660,401	45.3	83,037	5.7	10,728	0.7	1,458,134

Consulta de Resultados Gobernación Nivel Isla
Fecha Elecciones: 4 de noviembre de 1980

Municipio	Carlos Romero Barceló (PNP) Votos	%	Rafael Hernández Colón (PPD) Votos	%	Rubén Berríos Martínez (PIP) Votos	%	Luis Lausell Hernández (PSP) Votos	%	Total
Adjuntas	4,953	47.7	5,144	49.6	273	2.6	7	0.1	10,377
Aguada	7,654	49.1	7,175	46.0	651	4.2	114	0.7	15,594
Aguadilla	13,012	48.4	12,702	47.3	1,035	3.9	111	0.4	26,860
Aguas Buenas	5,352	46.0	5,517	47.4	723	6.2	35	0.3	11,627
Aibonito	3,996	36.1	6,522	58.8	536	4.8	30	0.3	11,084
Añasco	5,720	46.3	6,336	51.3	282	2.3	6	0.0	12,344
Arecibo	22,770	48.7	21,937	46.9	1,977	4.2	83	0.2	46,767
Arroyo	4,193	46.7	4,134	46.1	643	7.2	4	0.0	8,974
Barceloneta	5,295	48.8	5,202	47.9	328	3.0	25	0.2	10,850
Barranquitas	5,642	45.9	5,963	48.6	625	5.1	49	0.4	12,279
Bayamón	49,969	49.3	43,926	43.4	7,103	7.0	275	0.3	101,273
Cabo Rojo	7,252	40.2	8,955	49.6	1,759	9.7	89	0.5	18,055
Caguas	27,160	45.7	28,386	47.8	3,662	6.2	167	0.3	59,375
Camuy	6,594	47.2	6,962	49.8	376	2.7	39	0.3	13,971
Canóvanas	6,100	40.4	8,189	54.3	785	5.2	13	0.1	15,087
Carolina	36,566	49.9	31,254	42.6	5,331	7.3	195	0.3	73,346
Cataño	6,715	54.3	4,863	39.3	758	6.1	34	0.3	12,370
Cayey	8,621	40.9	11,365	53.9	985	4.7	104	0.5	21,075
Ceiba	2,809	49.6	2,634	46.5	207	3.7	17	0.3	5,667
Ciales	4,638	50.7	4,223	46.1	277	3.0	13	0.1	9,151
Cidra	7,036	47.3	6,973	46.9	824	5.5	33	0.2	14,866
Coamo	7,962	46.9	8,519	50.2	465	2.7	24	0.1	16,970
Comerio	4,415	43.7	5,180	51.3	450	4.5	48	0.5	10,093
Corozal	7,626	48.4	7,484	47.5	633	4.0	10	0.1	15,753
Culebra	240	33.6	393	55.0	80	11.2	1	0.1	714
Dorado	4,940	38.6	7,129	55.6	710	5.5	34	0.3	12,813
Fajardo	7,485	48.4	7,184	46.4	771	5.0	31	0.2	15,471
Florida	1,953	49.2	1,823	45.9	195	4.9	2	0.1	3,973
Guánica	4,240	44.8	4,682	49.5	507	5.4	32	0.3	9,461
Guayama	8,404	45.2	9,177	49.4	960	5.2	53	0.3	18,594
Guayanilla	4,427	41.6	5,327	50.1	788	7.4	97	0.9	10,639
Guaynabo	21,128	52.3	16,696	41.3	2,468	6.1	112	0.3	40,404
Gurabo	5,698	45.1	6,522	51.6	374	3.0	36	0.3	12,630
Hatillo	6,879	44.4	8,174	52.8	416	2.7	26	0.2	15,495
Hormigueros	3,098	40.4	4,138	54.0	416	5.4	10	0.1	7,662
Humacao	9,790	40.6	13,235	54.9	985	4.1	79	0.3	24,089
Isabela	8,278	43.3	10,005	52.3	755	3.9	91	0.5	19,129
Jayuya	3,856	49.4	3,560	45.6	378	4.8	18	0.2	7,812

Juana Diaz	9,274	47.9	9,341	48.2	745	3.8	17	0.1	19,377
Juncos	7,048	48.3	6,932	47.5	571	3.9	28	0.2	14,579
Lajas	4,603	40.8	6,288	55.8	372	3.3	6	0.1	11,269
Lares	6,295	44.3	7,126	50.2	732	5.2	53	0.4	14,206
Las Marias	1,785	39.0	2,611	57.1	179	3.9	0	0.0	4,575
Las Piedras	6,554	49.8	6,248	47.5	328	2.5	33	0.3	13,163
Loiza	5,358	62.4	2,909	33.9	312	3.6	6	0.1	8,585
Luquillo	3,812	48.9	3,691	47.4	267	3.4	19	0.2	7,789
Manati	10,003	50.6	8,902	45.1	803	4.1	45	0.2	19,753
Maricao	1,611	46.6	1,769	51.2	77	2.2	1	0.0	3,458
Maunabo	2,958	44.9	3,181	48.2	442	6.7	13	0.2	6,594
Mayagüez	20,977	42.8	25,285	51.6	2,573	5.3	157	0.3	48,992
Moca	7,338	49.4	7,100	47.8	391	2.6	29	0.2	14,858
Morovis	5,241	44.4	6,284	53.2	237	2.0	43	0.4	11,805
Naguabo	5,361	47.5	5,678	50.3	238	2.1	11	0.1	11,288
Naranjito	4,861	36.3	7,951	59.4	534	4.0	36	0.3	13,382
Orocovis	5,596	50.2	5,193	46.6	238	2.1	110	1.0	11,137
Patillas	4,646	45.6	4,958	48.7	553	5.4	21	0.2	10,178
Peñuelas	4,064	42.4	4,833	50.5	637	6.6	45	0.5	9,579
Ponce	41,452	50.5	34,512	42.0	5,924	7.2	201	0.2	82,089
Quebradillas	4,702	45.1	5,233	50.2	449	4.3	35	0.3	10,419
Rincón	2,612	39.9	3,744	57.2	189	2.9	4	0.1	6,549
Rio Grande	7,819	47.7	7,719	47.1	812	5.0	39	0.2	16,389
Sabana Grande	3,662	33.0	7,056	63.6	365	3.3	13	0.1	11,096
Salinas	4,947	38.9	7,299	57.4	460	3.6	17	0.1	12,723
San Germán	7,541	43.3	9,038	51.9	798	4.6	49	0.3	17,426
San Juan	114,282	51.7	89,406	40.5	16,043	7.3	1,206	0.5	220,937
San Lorenzo	8,753	50.0	8,269	47.2	470	2.7	22	0.1	17,514
San Sebastián	7,872	40.9	10,048	52.2	1,232	6.4	89	0.5	19,241
Santa Isabel	4,047	43.1	4,934	52.6	377	4.0	23	0.2	9,381
Toa Alta	6,404	45.7	6,906	49.3	659	4.7	32	0.2	14,001
Toa Baja	16,147	47.5	15,361	45.2	2,377	7.0	126	0.4	34,011
Trujillo Alto	10,323	46.5	10,004	45.1	1,786	8.0	88	0.4	22,201
Utuado	9,002	48.5	8,817	47.5	648	3.5	93	0.5	18,560
Vega Alta	6,411	44.4	7,277	50.4	664	4.6	92	0.6	14,444
Vega Baja	10,735	45.6	11,651	49.5	1,097	4.7	36	0.2	23,519
Vieques	1,765	39.7	2,294	51.6	351	7.9	40	0.9	4,450
Villalba	4,975	49.9	4,742	47.6	237	2.4	6	0.1	9,960
Yabucoa	8,193	46.2	8,836	49.8	638	3.6	70	0.4	17,737
Yauco	8,431	43.5	9,873	50.9	976	5.0	123	0.6	19,403
Total, Puerto Rico	759,926	47.2	756,889	47.0	87,272	5.4	5,224	0.3	1,609,311

Consulta de Resultados Gobernación Nivel Isla
Fecha Elecciones: 6 de noviembre de 1984

Municipio	Rafael Hernández Colón (PPD) Votos	%	Carlos Romero Barceló (PNP) Votos	%	Hernán Padilla Ramírez (PRP) Votos	%	Fernando Martín García (PIP) Votos	%	Total
Adjuntas	5,377	49.5	4,944	45.5	335	3.1	201	1.9	10,857
Aguada	8,018	45.4	8,373	47.4	709	4.0	567	3.2	17,667
Aguadilla	13,226	46.4	13,380	47.0	1,141	4.0	742	2.6	28,489
Aguas Buenas	6,210	47.1	6,045	45.9	306	2.3	614	4.7	13,175
Aibonito	7,274	58.9	4,182	33.9	456	3.7	440	3.6	12,352
Añasco	6,755	51.2	5,990	45.4	240	1.8	215	1.6	13,200
Arecibo	24,187	48.0	23,797	47.2	1,136	2.3	1,287	2.6	50,407
Arroyo	4,669	46.2	4,618	45.7	352	3.5	476	4.7	10,115
Barceloneta	5,563	47.8	5,465	46.9	381	3.3	238	2.0	11,647
Barranquitas	6,398	48.4	6,133	46.4	146	1.1	547	4.1	13,224
Bayamón	48,119	44.6	50,885	47.2	4,348	4.0	4,521	4.2	107,873
Cabo Rojo	9,863	50.5	7,358	37.7	1,105	5.7	1,217	6.2	19,543
Caguas	30,646	48.1	27,826	43.7	2,457	3.9	2,718	4.3	63,647
Camuy	7,679	50.2	6,948	45.4	376	2.5	299	2.0	15,302
Canóvanas	8,959	53.2	6,687	39.7	591	3.5	602	3.6	16,839
Carolina	35,371	43.8	37,033	45.9	4,987	6.2	3,331	4.1	80,722
Cataño	5,667	40.4	6,966	49.6	872	6.2	538	3.8	14,043
Cayey	12,082	54.5	8,445	38.1	896	4.0	764	3.4	22,187
Ceiba	3,128	49.3	2,779	43.8	302	4.8	131	2.1	6,340
Ciales	4,566	45.9	4,942	49.7	227	2.3	212	2.1	9,947
Cidra	8,026	47.7	7,542	44.8	483	2.9	772	4.6	16,823
Coamo	9,135	50.3	8,205	45.2	454	2.5	366	2.0	18,160
Comerío	5,795	52.5	4,676	42.4	194	1.8	365	3.3	11,030
Corozal	8,372	47.2	8,608	48.5	314	1.8	441	2.5	17,735
Culebra	515	62.3	262	31.7	6	0.7	43	5.2	826
Dorado	8,061	55.4	5,381	37.0	498	3.4	609	4.2	14,549
Fajardo	8,070	47.7	7,378	43.6	990	5.9	477	2.8	16,915
Florida	2,132	46.5	2,065	45.1	127	2.8	258	5.6	4,582
Guánica	4,766	48.4	4,140	42.0	540	5.5	403	4.1	9,849
Guayama	10,000	50.9	8,245	41.9	769	3.9	644	3.3	19,658
Guayanilla	5,446	49.3	4,609	41.7	369	3.3	624	5.6	11,048
Guaynabo	18,065	42.0	21,223	49.3	2,147	5.0	1,624	3.8	43,059
Gurabo	6,783	49.7	6,207	45.5	337	2.5	319	2.3	13,646
Hatillo	8,885	53.0	7,264	43.3	267	1.6	343	2.0	16,759
Hormigueros	4,514	55.1	3,096	37.8	297	3.6	291	3.5	8,198
Humacao	14,526	55.3	9,982	38.0	922	3.5	829	3.2	26,259
Isabela	10,398	51.2	8,748	43.1	538	2.7	608	3.0	20,292
Jayuya	4,022	47.0	3,995	46.7	256	3.0	289	3.4	8,562

Juana Díaz	10,462	48.1	9,965	45.8	878	4.0	453	2.1	21,758
Juncos	7,591	48.1	7,419	47.1	366	2.3	390	2.5	15,766
Lajas	6,888	57.5	4,494	37.5	357	3.0	232	1.9	11,971
Lares	7,623	50.4	6,721	44.4	260	1.7	531	3.5	15,135
Las Marías	2,832	57.2	1,896	38.3	98	2.0	122	2.5	4,948
Las Piedras	6,822	48.6	6,532	46.6	447	3.2	224	1.6	14,025
Loíza	4,119	36.5	6,500	57.7	384	3.4	269	2.4	11,272
Luquillo	4,447	49.4	4,030	44.8	302	3.4	224	2.5	9,003
Manatí	9,948	45.0	11,008	49.8	561	2.5	594	2.7	22,111
Maricao	1,894	53.4	1,522	42.9	82	2.3	47	1.3	3,545
Maunabo	3,169	47.3	3,046	45.5	141	2.1	343	5.1	6,699
Mayagüez	26,004	51.5	20,693	41.0	1,963	3.9	1,792	3.6	50,452
Moca	7,735	47.2	8,005	48.8	345	2.1	302	1.8	16,387
Morovis	6,862	53.2	5,569	43.2	189	1.5	284	2.2	12,904
Naguabo	5,942	50.7	5,098	43.5	518	4.4	156	1.3	11,714
Naranjito	8,580	58.9	5,325	36.6	190	1.3	463	3.2	14,558
Orocovis	5,692	46.8	6,082	50.0	143	1.2	245	2.0	12,162
Patillas	5,104	49.4	4,526	43.8	308	3.0	387	3.7	10,325
Peñuelas	5,653	52.6	4,153	38.7	327	3.0	606	5.6	10,739
Ponce	38,083	44.8	37,236	43.8	6,259	7.4	3,401	4.0	84,979
Quebradillas	5,636	51.0	4,749	42.9	307	2.8	367	3.3	11,059
Rincón	3,995	57.9	2,539	36.8	252	3.7	109	1.6	6,895
Río Grande	8,788	46.6	8,671	46.0	776	4.1	606	3.2	18,841
Sabana Grande	7,339	62.8	3,808	32.6	295	2.5	238	2.0	11,680
Salinas	8,116	59.2	4,684	34.1	585	4.3	336	2.4	13,721
San Germán	9,540	52.2	7,530	41.2	695	3.8	499	2.7	18,264
San Juan	92,126	42.3	101,800	46.8	13,594	6.2	10,202	4.7	217,722
San Lorenzo	8,713	45.5	9,485	49.5	518	2.7	444	2.3	19,160
San Sebastián	10,437	52.6	7,877	39.7	524	2.6	996	5.0	19,834
Santa Isabel	5,192	51.5	4,300	42.7	289	2.9	295	2.9	10,076
Toa Alta	7,981	47.9	7,613	45.6	460	2.8	624	3.7	16,678
Toa Baja	17,938	46.8	17,094	44.6	1,696	4.4	1,641	4.3	38,369
Trujillo Alto	11,912	46.1	11,279	43.7	1,348	5.2	1,284	5.0	25,823
Utuado	9,127	47.6	9,232	48.1	360	1.9	466	2.4	19,185
Vega Alta	8,203	50.7	7,042	43.5	418	2.6	527	3.3	16,190
Vega Baja	13,051	49.0	11,749	44.1	888	3.3	939	3.5	26,627
Vieques	2,185	45.5	2,168	45.2	166	3.5	282	5.9	4,801
Villalba	5,407	46.1	5,740	49.0	364	3.1	210	1.8	11,721
Yabucoa	9,571	51.2	8,179	43.8	447	2.4	494	2.6	18,691
Yauco	10,734	50.0	9,178	42.7	836	3.9	723	3.4	21,471
Total, Puerto Rico	822,709	47.8	768,959	44.6	69,807	4.1	61,312	3.6	1,722,787

Fuente: Comisión Estatal de Elecciones del Estado Libre Asociado de Puerto Rico

DISCURSO PRONUNCIADO POR EL HON. ALCALDE DE DORADO,
ALFONSO LOPEZ CHAAR, EN SU TOMA DE POSESION EL DIA
8 DE ENERO DE 1973.

HON. EX-ALCALDE, HONORABLES ASAMBLEISTAS, AUTORIDADES
GUBERNAMENTALES, AMIGOS DEL COMERCIO, INDUSTRIA Y DE LA BANCA,
COMPUEBLANOS, AMIGOS TODOS.

HOY SE ABRE UN NUEVO CAPITULO EN LA HISTORIA DE NUESTRO
PUEBLO. LA ANTORCHA HA SIDO RECOGIDA POR UNA NUEVA GENERACION
DE DORADEÑOS, ORGULLOSOS DE NUESTROS ANTEPASADOS Y DEDICADOS A
SUPERARNOS PARA UN MEJOR FUTURO.

NO CELEBRAMOS AQUI LA VICTORIA DE UN PARTIDO, SINO LA
CELEBRACION DEL COMIENZO DE UNA NUEVA REVOLUCION PACIFICA, ENCA-
MINADA A ATACAR CON TODAS LAS FUERZAS DE NUESTRO ESPIRITU LOS
PROBLEMAS QUE AUN NOS AQUEJAN.

ESTE AÑO, NUESTRO PUEBLO CUMPLE 130 AÑOS DE SU FUNDACION.
AL PRESTAR HOY JURAMENTO COMO ALCALDE, LO HAGO COMO EL MAS JOVEN
EN OCUPAR EL ASIENTO MUNICIPAL EN LA HISTORIA DE ESTE PUEBLO.
POR ESO, ESTE ENFRENTAMIENTO CON LA HISTORIA ES DOBLEMENTE IMPORTANTE
PARA MI: PRIMERO, PORQUE TENGO QUE HONRAR LA FE Y LA CONFIANZA QUE
EL PUEBLO DEPOSITO EN MI AL ELEGIRME COMO ALCALDE, Y SEGUNDO, PROBAR
LA CAPACIDAD DE LA GENTE JOVEN PARA ENFRENTARSE Y RESOLVER LOS
PROBLEMAS QUE PADECEMOS.

ELABORAREMOS PROGRAMAS DE TRABAJO PARA EL DORADO DE HOY; PERO
PENSANDO EN EL DORADO DEL MAÑANA. TRABAJAREMOS CON TESON Y AHINCO
PARA LOGRAR NUESTRAS METAS. SEREMOS RESPETUOSOS CON LOS DEBERES
DE TODOS LOS CIUDADANOS, PERO EXIGENTES CON SUS RESPONSABILIDADES,
PORQUE UN BUEN CIUDADANO SABE QUE CADA DERECHO CONLLEVA UNA RESPONSA-
BILIDAD. ASI SE REFERIA HOSTOS AL SEÑALAR "YO EXIJO, PERO CUMPLO".

AL TOMAR LAS RIENDAS DEL GOBIERNO MUNICIPAL EN EL DIA DE HOY,
LO HAGO LIBRE DE TODO JUICIO DE INDOLE POLITICO, RACIAL O RELIGIOSO.
PARA MI LO PRIMORDIAL ES TRABAJAR POR EL BIENESTAR DE MI PUEBLO A
QUIEN LLEVO EN LO MAS PROFUNDO DE MI CORAZON. ESE ES MI COMPROMISO
Y A ESO ESTOY COMPROMETIDO.

- 2 -

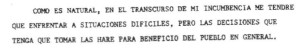

COMO ES NATURAL, EN EL TRANSCURSO DE MI INCUMBENCIA ME TENDRE
QUE ENFRENTAR A SITUACIONES DIFICILES, PERO LAS DECISIONES QUE
TENGA QUE TOMAR LAS HARE PARA BENEFICIO DEL PUEBLO EN GENERAL.

EN MI GESTION ADMINISTRATIVA TENDRA PRIORIDAD EL MEJORAR LOS
SERVICIOS MEDICOS EN EL CENTRO DE SALUD. YA HEMOS HECHO GESTIONES
PARA CONTRATAR EL PERSONAL MEDICO NECESARIO CON LA INTENCION DE
TENER MEDICOS SIEMPRE EN EL CENTRO DE SALUD. NO ESCATIMAREMOS EN
ESFUERZO O EL DINERO NECESARIO PARA QUE EN DORADO SE PRESTEN LOS
MEJORES SERVICIOS MEDICOS DE LA ISLA. USTEDES SABEN LA ESCASEZ
DE MEDICOS PARA TRABAJAR EN LOS CENTROS DE SALUD EN LOS MUNICIPIOS
DE LA ISLA, ESPECIALMENTE HACER LAS LLAMADAS GUARDIAS NOCTURNAS,
PERO NO DESCANSAREMOS EN NUESTROS ESFUERZOS PARA QUE DORADO SEA
UNA EXCEPCION EN ESTE PROBLEMA.

OTRO DE LOS RETOS A NUESTRA ADMINISTRACION SERA EL MANTE-
NIMIENTO Y LA CONSTRUCCION DE CAMINOS Y CARRETERAS MUNICIPALES.
BAJO NUESTRA ADMINISTRACION ESTAREMOS MUY ALERTA AL RESPECTO Y
HE IMPARTIDO INSTRUCCIONES AL PERSONAL DEL DEPARTAMENTO DE OBRAS
PUBLICAS MUNICIPALES PARA QUE LE PRESTE LA DEBIDA ATENCION A
ESTE ASUNTO.

UNO DE LOS ASUNTOS QUE MAS ME PREOCUPA ES EL DESEMPLEO,
ESPECIALMENTE EN LA JUVENTUD. ME HE COMUNICADO CON VARIOS
EJECUTIVOS DE LAS FABRICAS ESTABLECIDAS EN DORADO PARA SOLICITAR
SE LE DE PRIORIDAD A LOS RESIDENTES DE DORADO CUANDO SURJAN
VACANTES O CUANDO SE VAYA A RECLUTAR PERSONAL. HAREMOS LAS
GESTIONES PERTINENTES ANTE EL DEPARTAMENTO DEL TRABAJO PARA
QUE NOS AYUDEN EN ESTA TAREA.

LA RECREACION A NUESTROS JOVENES CONTARA CON NUESTRA ATENCION
Y COLABORACION. CONSTRUIREMOS FACILIDADES RECREATIVAS EN TODOS
LOS BARRIOS (CANCHAS DE BALONCESTO Y VOLLY BALL). SOMETERE A LA
CONSIDERACION DE LA JUNTA DE PLANIFICACION UN PROYECTO PARA TECHAR
LA CANCHA LOCAL DE BALONCESTO. TAMBIEN LA RECONSTRUIREMOS PARA
PONERLA A LA ALTURA DE CUALQUIER CANCHA DE OTROS MUNICIPIOS Y
APROVECHAR SUS FACILIDADES PARA CELEBRAR ACTIVIDADES CULTURALES
TAN NECESARIAS EN ESTE PUEBLO. SERA COMO UNA ESPECIE DE COLISEO
DE USOS MULTIPLES.

- 3 -

ESTO ES A GRANDES RASGOS ALGUNAS DE LAS AREAS QUE TENDRAN
PRIORIDAD EN NUESTRA ADMINISTRACION.

PARA LLEVAR A CABO ESTA TAREA CUENTO CON UN GRUPO DE BUENOS
DORADEÑOS QUE ME AYUDARAN EN MIS GESTIONES ADMINISTRATIVAS.

1- CARMELO RAMOS ROSARIO, VETERANO DE LA FUERZA
AEREA CON PREPARACION EN CONTABILIDAD SERA
NUESTRO TESORERO-DIRECTOR ESCOLAR.

2- EFRAIN CARDONA SANTANA, CON BACHILLERATO EN
ADMINISTRACION COMERCIAL, SERA NUESTRO AUDITOR.

3- MANUEL G. CANINO, CONOCIDO LIDER EN NUESTRA
COMUNIDAD,SSERA NUESTRO DIRECTOR DE LA DEFENSA
CIVIL.

TAMBIEN CONTAMOS CON UNOS BUENOS ASAMBLEISTAS CIUDADANOS
RESPONSABLES LOS CUALES ESTAN COMPROMETIDOS AL IGUAL QUE TODOS
LOS DEMAS EMPLEADOS MUNICIPALES A COLABORAR JUNTOS POR EL ENGRANDE-
CIMIENTO Y PROGRESO DE NUESTRO PUEBLO.

NINGUN GOBIERNO NI SUS GOBERNANTES POR MAS DEDICADOS Y GENIALES
QUE SEAN PUEDEN HACER UNA BUENA LABOR SI NO CUENTAN CON LA AYUDA Y
RESPALDO DEL PUEBLO. UNIDOS ES POCO LO QUE NO PODAMOS HACER POR EL
BIEN DE DORADO. DIVIDIDOS SERA POCO, MUY POCO, LO QUE LOGRAREMOS.

ANTES DE DAR FIN A ESTE BREVE PERO SINCERO MENSAJE QUIERO
AGRADECER EN LO MAS QUE VALE, LA COOPERACION RECIBIDA DE EL ALCALDE
SALIENTE PARA QUE LA TRANSICION SE LLEVARA A EFECTO CON TODA NORMALIDAD.

QUIERO TERMINAR CON UNA FRASE DE UN JOVEN QUE HA SIDO MI INSPIRA-
CION PARA ESTAR AQUI HOY Y QUE DEBE DE SER DE ESTIMULO PARA CADA UNO
DE LOS QUE AQUI NOS HEMOS CONGREGADO, ME REFIERO AL FENECIDO PRESIDENTE
JOHN F. KENNEDY, " NO PREGUNTES LO QUE TU PATRIA PUEDE HACER POR TI.
SI NO LO QUE TU PUEDES HACER POR TU PATRIA". QUE ASI NOS AYUDE DIOS.

MUCHAS GRACIAS

MENSAJE DEL HONORABLE ALCALDE DE DORADO

SR. ALFONSO LOPEZ CHAAR

1977- inaguracion
despues de que el PPD-RHC
Perdieran las elecciones.

NO PODRIA COMENZAR EN ESTA NOCHE MI DISCURSO SIN EXPRESAR MI AGRADE-
CIMIENTO A TODAS LAS PERSONAS QUE DEPOSITARON SU CONFIANZA EN MI AL
LLEVARME A LA REELECCION EN LAS PASADAS ELECCIONES. A TODOS MI AGRADE-
CIMIENTO POR BRINDARME DE NUEVO EL HONOR DE SERVIRLE A MI PUEBLO.

HACE 4 AÑOS NOS REUNIMOS EN UN ACTO SIMILAR A ESTE PARA REAFIRMAR
MI COMPROMISO CON TODO EL PUEBLO DE DORADO. EN AQUEL ENTONCES LES
DIJE QUE NO CELEBRABAMOS LA VICTORIA DE UN PARTIDO SINO EL CAMBIO DE
LA ANTORCHA A MANOS DE UNA NUEVA GENERACION DE DORADEÑOS. HOY AL MIRAR
EL PASADO NO PODEMOS SENTIR NADA MAS QUE ORGULLO POR LA OBRA REALIZADA
EN BENEFICIO DE NUESTRO PUEBLO.

NUESTRA OBRA EN LOS AÑOS PASADOS HA SIDO MUCHA PERO ME LIMITARE
A SEÑALAR ALGUNOS LOGROS COMO MEDIDA DE ILUSTRACION. CONSTRUIMOS
CANCHAS EN TODAS LAS COMUNIDADES, INSTALAMOS ALUMBRADO EN PARQUES
ATLETICOS, HEMOS ASFALTADO CAMINOS, CONSTRUIDO CENTROS COMUNALES,
REPARADO Y MEJORADO PLANTELES ESCOLARES. EN LOS PASADOS CUATRO AÑOS
HEMOS INVERTIDO FONDOS JAMAS IGUALADOS POR NINGUNA ADMINISTRACION EN
ESTAS AREAS. MAS AUN LA OBRA REALIZADA POR ESTA ADMINISTRACION FUE
SUPERIOR A LA OBRA REALIZADA POR LAS PASADAS ADMINISTRACIONES EN LOS
ULTIMOS DOCE AÑOS. HEMOS SUPERADO POR MUCHO LA CALIDAD DE LOS SERVICIOS
MEDICOS DEL CENTRO DE SALUD MEDIANTE UN AMPLIO SERVICIO DE MEDICINAS

- 2 -

Y MEDICOS 24 HORAS AL DIA TODA LA SEMANA CON NUEVAS Y MODERNAS AMBULAN-
CIAS. POR LA INTENSIDAD DE NUESTRA CAMPANA DE LIMPIEZA, ORNATO Y
REFORESTACION HEMOS SIDO DESIGNADOS LA CIUDAD MAS LIMPIA DE PUERTO RICO.

EN EL ASPECTO DE RECREACION, DEPORTE Y CULTURA HEMOS ALCANZADO
LOGROS NO SOSPECHADOS. TENEMOS UNA ACADEMIA DE MUSICA DONDE MAS DE
MIL JOVENES SE HAN ADIESTRADO EN EL USO Y EJECUCION DE INSTRUMENTOS
MUSICALES. EL PRODUCTO HA SIDO UNA BANDA Y UNA RONDALLA DONDE PARTI-
CIPAN JOVENES DE TODAS LAS COMUNIDADES. LAS LIGAS MUNICIPALES BRINDAN
OPORTUNIDAD A LOS ADOLESCENTES DE NUESTRO PUEBLO DE DESARROLLAR SUS
HABILIDADES AL MAXIMO YA QUE SE JUEGA EN TODAS LAS CATEGORIAS Y
NIVELES. SE HAN ORGANIZADO TORNEOS DE BALONCESTO, VOLLEYBALL, CURSOS
DE FLORISTERIA Y ARTESANIA EN CERAMICA, PROYECCION DE PELICULAS Y EL
ESTABLECIMIENTO DE UNA ACADEMIA DE PINTURA Y DE TODO ESTO SE HAN
BENEFICIADO TODOS LOS SECTORES. ESTO EN SINTESIS HA SIDO PARTE DE
LA OBRA DE UN GRUPO DE PERSONAS QUE NOS DIMOS A LA TAREA DE HACER
UN NUEVO DORADO Y DARLE UN NUEVO ENFOQUE.

- 3 -

EL CENTRO DE GOBIERNO QUE ES UNA NECESIDAD PARA UNA MAYOR PRESTA-
CION DE SERVICIOS YA ES UNA REALIDAD Y HA COMENZADO SU CONSTRUCCION.
ESTE EDIFICIO ALBERGARA TODAS LAS AGENCIAS DE GOBIERNO QUE DESEEN Y
LAS PONDRA EN UN MISMO LUGAR PARA BENEFICIO DE SUS USUARIOS. LA
ANTIGUA CONSTRUCCION CONOCIDA COMO CASA DEL REY HA SIDO ADQUIRIDA PARA
ESTABLECER UN MUSEO HISTORICO DE FORMA QUE PODAMOS CONOCER NUESTRO
PASADO DE PUEBLO Y VIVIR ORGULLOSOS DE EL.

LAS VIAS PUBLICAS CONTINUARAN RECIBIENDO LA ATENCION NUESTRA AL
IGUAL QUE INTENSIFICAREMOS LAS CAMPAÑAS DE LIMPIEZA, ORNATO Y REFORES-
TACION PARA CONTINUAR SIENDO CIUDAD EJEMPLAR. CONTINUAREMOS MEJORANDO
EN LA MEDIDA QUE NUESTROS RECURSOS LO PERMITAN LOS PLANTELES ESCOLARES
PARA BENEFICIO DE EDUCADORES Y EDUCANDOS. ME PROPONGO AUMENTAR Y
MEJORAR SUSTANCIALMENTE EL EQUIPO QUE DA SERVICIO DE TRANSPORTACION
GRATUITA A PERSONAS QUE TIENEN QUE ACUDIR A CITAS EN EL CENTRO MEDICO.

LOS ENVEJECIENTES TIENEN GARANTIZADO UN TRATO ESPECIAL DE PRIMERA
CALIDAD MEDIANTE LA AMPLIACION DE LOS SERVICIOS QUE SE PRESTAN EN EL
CENTRO DE ENVEJECIENTES PATROCINADO POR EL MUNICIPIO. LA NIÑEZ

- 4 -

RECIBIRA ATENCION MEDICA Y DE SALUD ADECUADA YA GESTIONAREMOS CON LAS AGENCIAS DE GOBIERNO Y ENTIDADES PRIVADAS LA AMPLIACION DE PROGRAMAS DE SALUD Y CUIDADO DEL NINO EN TODA LA MUNICIPALIDAD.

DENTRO DE MIS PLANES INMEDIATOS PARA MEJORAR LOS SERVICIOS ADMINISTRATIVOS ME PROPONGO REORGANIZAR TOTALMENTE TODAS LAS DEPENDENCIAS MUNICIPALES PARA HACERLAS MAS PRODUCTIVAS. HASTA AQUI HE RESENADO ALGUNOS DE MIS OBJETIVOS PARA EL CUATRIENIO QUE HOY COMIENZA. TAL VEZ RECIBIRE LA CRITICA DE MUCHAS PERSONAS EN MI GESTION PUBLICA Y DE GOBIERNO PERO QUIERO DEJAR MERIDIANAMENTE CLARO Y CITO A RAFAEL HERNANDEZ COLON "QUE TODO AQUEL QUE CRITICA SIN OFRECER SOLUCIONES O ALTERNATIVAS A LOS PROBLEMAS SE CONVIERTE EN PARTE DEL PROBLEMA. "

EN EL CUATRIENIO PASADO EL PARTIDO POR EL CUAL FUI ELECTO CONTROLABA TODAS LAS ESFERAS DE GOBIERNO. EL PANORAMA HOY ES DIFERENTE NO OBSTANTE TENGO FE EN QUE LOS HOMBRES ELECTOS AUN CUANDO PERTENECEN A OTRAS IDEOLOGIAS DEN EL MAXIMO PARA BENEFICIO DE NUESTRO PUEBLO.

PESE A QUE EL PANORAMA ES DIFERENTE EN EL GOBIERNO CENTRAL ACEPTO EL RETO DE SERVICIO Y DEDICACION A MI PUEBLO CON VALENTIA, CORAJE Y FIRME DETERMINACION. ME PROPONGO REDOBLAR ESFUERZOS Y EXIGIR MAS DE MIS COMPANEROS DE TRABAJO PARA LA REALIZACION DE LA OBRA FUTURA Y

- 5 -

ESTARE VIGILANTE PARA QUE SE CUMPLAN LAS PROMESAS HECHAS AL PUEBLO EN LA RECIENTE CAMPAÑA ELECTORAL. NO ME LIMITARE EN MI GESTION A UN PROGRAMA DE GOBIERNO SINO QUE ATACARE LOS PROBLEMAS EN LA MEDIDA QUE SURJAN Y DESARROLLARE MEDIDAS PREVENTIVAS PARA EVITAR QUE SURJAN.

PROBABLEMENTE EN EL DESCARGO DE MIS FUNCIONES HE AFECTADO A UNA PERSONA O GRUPO AL TOMAR MIS DECISIONES PERO CUANDO ESTO HAYA OCURRIDO HA SIDO SIEMPRE POR BENEFICIAR A LA MAYORIA. NO PIENSO NI DESEO SACRIFICAR A NADIE PERO TAMPOCO DEJARE DE SERVIR A LOS MAS POR BENEFICIAR A LOS MENOS. ESTO PUEDE QUE HAYA DISGUSTADO A UNOS PERO EN EL BALANCE FINAL ES MAS EL BIEN QUE SE HA HECHO Y LOS AGRADECIDOS QUE LOS DISGUSTADOS Y ASI ME PROPONGO CONTINUAR.

ES POSIBLE QUE EN MI GESTION PUBLICA EN OCASIONES ME ENCUENTRE SOLO SIN LA AYUDA DEL GOBIERNO CENTRAL, PERO DE LO QUE ESTOY TOTAL- MENTE SEGURO ES QUE CUENTO CON LAS DOS COSAS MAS IMPORTANTES PARA MI QUE SON DIOS Y USTEDES.

1985

CIUDAD DE DORADO

Alfonso López Chaar
ALCALDE

*** PROGRAMA ***

Apertura del Acto

Himnos del Estado Libre Asociado de Puerto Rico y de los Estados Unidos de América

Invocaciones

Presentación de Invitados de Honor

Lectura de Mensajes

Juramentación Alcalde Electo

Mensaje del Alcalde de Dorado Hon. Alfonso López Chaar

Mensaje del Gobernador de Puerto Rico Honorable Rafael Hernández Colón

Clausura del Acto

DORADO CIUDAD MAS LIMPIA DE PUERTO RICO.

COMPUEBLANOS:

HOY TENGO QUE AGRADECER DESDE LO MAS PROFUNDO DE MI

CORAZON A TODOS LOS QUE DEPOSITARON SU CONFIANZA EN MI

AL RESPALDAR MI CANDIDATURA. AGRADEZCO DE FORMA ESPECIAL

A MAS DE TRES MIL ELECTORES QUE CRUZARON LINEAS PARTIDISTAS

PARA ELEGIRME COMO SU ALCALDE Y DE PASO CONVERTIRME EN EL

FUNCIONARIO ELECTO CON MAYOR POR CIENTO DE VOTOS EMITIDOS

CON UN 65.4%. CON MI PUEBLO ESTOY COMPROMETIDO A SERVIRLE

CON AMOR, SACRIFICIO Y DEDICACION.

HOY RENUEVO EL COMPROMISO DE SERVICIO CONTRAIDO CON

USTEDES HACE 12 AÑOS. LA VOLUNTAD DEL PUEBLO ES UNA, COMO

UNO SOLO DEBE SER EL ESPIRITU DE TRABAJO POR EL BIENESTAR DE

ESE PUEBLO. DORADO HA IDO EXPERIMENTANDO UN CAMBIO POSITIVO

-2-

CON EL CURSO DEL TIEMPO, YA NO SOMOS UN PUEBLO PEQUEÑO, NO

SOMOS UN PUNTO EN EL MAPA, TAMPOCO SOMOS UN PUEBLO ENTRE

TANTOS OTROS.

POR VOLUNTAD DE TODOS, DORADO ES HOY CENTRO DE ATENCION

E INTERES DE OTROS PUEBLOS Y CIUDADES. DORADO ES GRACIAS AL

ESFUERZO DE TODOS UN EJEMPLO DE TRABAJO, DEDICACION Y DESEOS

DE SUPERACION. AL CRECIMIENTO DE NUESTRO PUEBLO/HAN

APORTADO GRANDES Y CHICOS, JOVENES Y ADULTOS,/HOMBRES Y

MUJERES DE DISTINTO PENSAMIENTO POLITICO. NOS MANTENEMOS

UNIDOS EN EL PROPOSITO COMUN DE LUCHAR POR EL PROGRESO,

ECHAMOS A UN LADO TODA DIFERENCIA QUE PRETENDA DESVIARNOS

DEL SERVICIO AL PUEBLO.

- 3 -

HACE DOCE AÑOS QUE JURE POR VEZ PRIMERA COMO ALCALDE DE

ESTE GRAN PUEBLO DE DORADO. ME HE CONSAGRADO A DESEMPEÑAR MI CARGO

CON HONRADEZ Y GRAN SENTIDO DE RESPONSABILIDAD. COMO HOMBRE, COMO

CIUDADANO PARTICULAR HE TENIDO MOMENTOS BUENOS Y MOMENTOS MALOS,

RATOS DE FELICIDAD Y RATOS NO TAN FELICES. SIN LUGAR A DUDAS COMO

ALCALDE DE ESTE PUEBLO ME HE SENTIDO REALIZADO, HE SENTIDO LA GRAN

SATISFACCION DE SERVIR A MI GENTE. HE PUESTO TODO MI EMPEÑO EN DARLE

A LA PRESENTE GENERACION TODO LO QUE NO TUVO LA NUESTRA. ES ASI

QUE EN NUESTRAS COMUNIDADES HAY CANCHAS, PARQUES CON ALUMBRADO Y

CENTROS COMUNALES. EN DORADO TENEMOS CANCHA BAJO TECHO, COLISEO,

GIMNASIO Y LA MEJOR BIBLIOTECA PUBLICA DEL PAIS.

-4-

EN EL ASPECTO DE ARTE Y CULTURA EN DORADO SE HA SENTADO

CATEDRA. ARTESANIA, PINTURA, DIBUJO, CERAMICA Y ARTE

DRAMATICO ENTRE OTRAS LLEGAN AL PUEBLO SIN COSTO ALGUNO.

HEMOS PROGRESADO SIN PERMITIR QUE EL PROGRESO NOS DESHUMANICE,

NO HEMOS DADO OPORTUNIDAD A QUE LOS ADELANTOS RIÑAN CON LO

NATURAL. LOS PASADOS OCHO AÑOS PUDIMOS HACER MAS, QUISIMOS

HACER MAS, PERO CIERTAMENTE NO VALE LA PENA HACER UN RECUENTO

NI LAMENTARME DE LA DIFICIL SITUACION QUE EXPERIMENTE DURANTE

DURANTE LOS PASADOS OCHO AÑOS. APRENDI A SACAR ALGUNA VENTAJA

O PROVECHO DE LA ADVERSIDAD. NO ME DEDIQUE A SACAR ESPINAS

DEL CAMINO, SINO QUE ME INTERESE POR ENDURECER EL PIE PARA

CONTINUAR POR LA SENDA.

-5-

POR ELLO CADA AÑO DE ESTE CUATRENIO TIENE QUE REPRESENTAR

TRES EN TERMINOS DE LOGROS. ESTOS PRIMEROS SEIS MESES LOS

VOY A TRABAJAR COMO SI FUERAN CINCO AÑOS. YA HEMOS INICIADO

LA PLANIFICACION DE DORADO PARA EL RESTO DEL SIGLO. SEÑOR

GOBERNADOR NECESITAMOS SU AYUDA PARA CONTINUAR ADELANTE

NUESTRA TAREA. VAMOS A DEMOSTRARLE A PUERTO RICO QUE EN DORADO

PODEMOS Y SABEMOS HACER GRANDES COSAS PORQUE TENEMOS LA

CAPACIDAD, EL TALENTO Y SOBRE TODO ORGULLO DE PUEBLO. YA

HE DESIGNADO UN COMITE DE TRABAJO INTEGRADO POR DORADEÑOS

PARA DISEÑAR UN PLAN ENALTECEDOR DE LOS VALORES EN NUESTRA

NIÑEZ. ES MI OBJETIVO CULTIVAR EN NUESTROS NIÑOS LOS MEJORES

-6-

HABITOS Y VALORES DE VIDA, PARA ELLO HE CONVERSADO CON LA

SECRETARIA DE INSTRUCCION PUBLICA A LOS FINES DE DESARROLLAR

UN PROGRAMA PILOTO EN NUESTRAS ESCUELAS, ESTO REQUIERE LA

PARTICIPACION DE PADRES, MAESTROS, LA IGLESIA E INSTITUCIONES

CIVICAS; CON LA AYUDA DE DIOS Y EL ESFUERZO NUESTRO LOGRAREMOS

TAN SIGNIFICATIVO PROYECTO,

DORADO HA SIDO EL LABORATORIO DE PUERTO RICO, UN GRAN

TALLER DE TRABAJO, OTROS HAN VENIDO A ESTUDIAR NUESTRAS

IDEAS, SOMOS EXPORTADORES DE PROYECTOS, CONTRIBUIMOS AL

DESARROLLO DE PUEBLOS VECINOS Y DISTANTES, SOMOS PRIMEROS

EN LIMPIEZA, SOMOS EJEMPLO DE LO QUE UNA COMUNIDAD UNIDA PUEDE

-7-

LOGRAR ANTE UN PROBLEMA QUE AGOBIA GRANDES CIUDADES COMO LO

ES LA DISPOSICION DE DESPERDICIOS SOLIDOS. EL PROGRAMA DE

MURALES, ARTE PARA EL PUEBLO, OLIMPIADAS DEL PLATA, EL TEATRO

JUAN BORIA, LA ESCUELA DE LOS DEPORTES Y LA ESCUELA DE ARTES

PLASTICAS Y LO MAS GRANDE QUE HA LOGRADO PUEBLO ALGUNO EN

PUERTO RICO UNIDAD:

SON MUCHOS LOS PROYECTOS, AMBICIOSA LA META PERO ES ENORME

EL DESEO DE CUMPLIR. TENGO FE EN DIOS Y CON SU AYUDA LO

LOGRAREMOS.

EN OCASIONES ME HA ASALTADO EL DESEO DE IRME PERO ME

RESULTA DIFICIL DAR ESE PASO. NO ES FACIL ROMPER LAS CUERDAS

QUE ME UNEN A MI TRABAJO Y SOBRE TODO A MI PUEBLO EN ESTOS

DOCE AÑOS. LA MIRADA CARIÑOSA Y EL RESPETO DE LOS NIÑOS

ALFONSO LÓPEZ CHAAR "PAPIÑO"

JUNTO A SU HABITUAL SALUDO EN LAS MAÑANAS DE CAMINO A LA

ESCUELA, LA PALABRA DE ESTIMULO DEL AMIGO Y LA SONRISA DE MIS

COMPLUEBLANOS ES LA PAGA MAS GRANDE QUE RECIBO Y ESO VALE

MUCHO A LA HORA DE TOMAR DECISIONES. PERO LLEGARA EL MOMENTO

EN QUE YA NO SEA MAS ALCALDE DE DORADO. SERA EL TIEMPO DE LA

GRAN DECISION, Y LLEGARA HOY, MAÑANA, PASADO MAÑANA Y TANTO

USTEDES COMO YO TENEMOS QUE IR PREPARANDONOS PARA ESA

SEPARACION. EL LIBRO DE ECLESIASTES RECOGE BELLAMENTE ESTAS

PALABRAS "TODO TIENE SU TIEMPO, Y TODO LO QUE SE QUIERE

DEBAJO DEL CIELO TIENE SU HORA".

DONDE QUIERA QUE YO VAYA, DESDE EL LUGAR, EN QUE ME

ENCUENTRE ESTARE CON MI PUEBLO EN MENTE, CON MI GENTE EN EL

CORAZON Y EN LA MENTE EL DESEO DE BUSCAR LO MEJOR PARA

USTEDES NO SOLO EN EL ASPECTO MATERIAL Y HUMANO SINO TAMBIEN

-8-

BUSCANDO LO MEJOR EN AQUELLO INTANGIBLE, DE VALOR ESPIRITUAL

Y MORAL. ES MI COMPROMISO BUSCAR LA MEJOR CALIDAD DE VIDA,

BUENA Y SANA QUE MERECE NO SOLAMENTE DORADO Y SU GENTE SINO

TODO PUERTO RICO.

SEÑOR GOBERNADOR, DORADO Y YO ESTAMOS LISTOS, PRESTO, HOY

AL IGUAL QUE SIEMPRE PARA ATENDER CUALQUIER RECLAMO,

CUALQUIER ENCOMIENDA QUE USTED ENTIENDA SE TRADUZCA EN FAVOR

Y BENEFICIO DE NUESTRA PATRIA. SIENTASE EN LIBERTAD DE

ORDENAR QUE AQUI HAY UN PUEBLO Y UN AMIGO EN DISPOSICION DE

SERVIR EN MOMENTO DIFICILES Y EN MOMENTOS BUENOS, USTED PUEDE

CONTAR SIEMPRE CON NOSOTROS.

A DIOS MI AGRADECIMIENTO POR SU FORTALEZA. SIN SU AYUDA

Y SOCORRO NO HUBIESE PODIDO PASAR LOS MOMENTOS DUROS Y

DIFICILES. NO ME HE SENTIDO SOLO EN NINGUN MOMENTO, SIEMPRE

-9-

HE TENIDO LA MANO DE DIOS SOBRE MI PARA PROTEGERME Y EL

RESPALDO DE USTEDES, MI GENTE. CUANDO LAS FUERZAS PARECIAN

FALTAR MIRABA HACIA ATRAS Y VEIA UN PUEBLO INSPIRANDOME PARA

NO DETENERME. MUCHAS GRACIAS HERMANOS Y QUE DIOS CONTINUE

CON NOSOTROS PARA HACER SU VOLUNTAD. CON USTEDES EN LO

MENOS, CON USTEDES EN LO MAS, PERO SIEMPRE CON USTEDES.

MUCHAS GRACIAS,

-10-

GOBIERNO MUNICIPAL

DE

DORADO

1973-1974

NUESTRO PRIMER AÑO DE ADMINISTRACION

Hon. ALFONSO LOPEZ CHAAR
ALCALDE

```
*************************************************************
*                                                         *
*            ESTADO LIBRE ASOCIADO DE PUERTO RICO         *
*               GOBIERNO MUNICIPAL DE DORADO              *
*                   ASAMBLEA MUNICIPAL                    *
*                        1973                             *
*                                                         *
*  HON.  Ramón P. Quiñones Bloise         Presidente      *
*  HON.  Eduardo Montañez Hernández       Vice-Presidente *
*  HON.  Domingo Ortíz Santiago                           *
*  HON.  Braulio Marrero Báez                             *
*  HON.  Angelina Sostre Peña                             *
*  HON.  José Rubero Pedrosa                              *
*  HON.  Fernando Barbosa Román                           *
*  HON.  Jorge L. Díaz Nevárez                            *
*  HON.  Isaías Ilarraza Morales                          *
*  HON.  Rogelio Rivera Morales                           *
*  HON.  Alejandro Montañez Milán                         *
*  HON.  Gil Ortíz Nieves                                 *
*                                                         *
*  SR.   Efraín Cardona Santana            Secretario     *
*                                                         *
*************************************************************
```

ESTADO LIBRE ASOCIADO DE PUERTO RICO
GOBIERNO MUNICIPAL DE DORADO
OFICINA DEL ALCALDE

8 de enero de 1973
*Nota: El año impreso en el
discurso original fue incorrecto;
debió leer 1974.*

Estimados Compueblanos:-

Después de un año de intensa labor he decidido llevar a conocimiento de ustedes la obra realizada por mi Administración, las gestiones hechas ante las Autoridades Gubernamentales y las perspectivas futuras.

No puedo comenzar a señalar la obra realizada este año sin antes expresar mi profundo agradecimiento a todas las personas que en una u otra forma me han ayudado a ser posible la misma, muy especialmente a los Senadores y Representantes del Distrito, a los empleados y funcionarios municipales y a la Hon. Asamblea Municipal.

Quiero expresarles que el primer año, es uno de los más difíciles para cualquier Administración ya que hay que adaptarse a unos nuevos métodos de trabajo, reglamentos y también reorganizar el personal para acoplarlo a la forma del trabajo del Ejecutivo.

Cuando asumí la responsabilidad como Alcalde de este pueblo me encontré con el problema de la falta de médicos en el Centro de Salud. Trabajamos con ahínco y perseverancia para reclutar médicos lo cual logramos. Gracias a esa gestión contamos hoy en día con (5) cinco médicos prestando servicios día y noche.

A pesar de estos inconvenientes y de los escasos recursos del Municipio hemos hecho posible por mejorar las condiciones de vida de nuestro pueblo.

A continuación paso hacer una reseña de toda la obra realizada a la fecha.

Fraternalmente,

Alfonso López Chaar
Alcalde

SALUD Y BENEFICIENCIA

Labor realizada en este nivel:-

1- Se cubrieron todas las plazas de médicos en el en el Centro de Salud.

2- Se han mejorado notablemente los servicios médicos

3- Se están hospitalizando pacientes en el Centro de Dorado.

4- Se han realizado mejoras a la planta física.

5- Se adquirió otra ambulancia nueva para reforzar el servicio que presta el Centro de Salud.

6- Se está trabajando en el proyecto para la instalación de un Dispensario en el Barrio Maguayo.

7- Se ha mejorado por mucho el suministro de medicinas a pacientes en la Farmacia.

8- Se han aunado esfuerzos y voluntades para lograr una mayor comprensión entre los pacientes y todo el personal del Centro de Salud.

PERSPECTIVAS :-

Estamos gestionando se amplien las facilidades del Centro de Salud.

OBRAS PUBLICAS

Labor realizada en este nivel:-

1- Se aportó la cantidad de $12.500.00 para la terminación de las aceras en la Urbanización San Antonio.

2- Contamos con una brigada permanente para la reparación de los caminos municipales. Desde que se implementó este sistema de brigada se ha notado un cambio favorable en las condiciones de las vías públicas.

3- Se construyó un baden en la calle Principal de Sta. Rosa para canalizar las aguas y ensanche de esta vía.

4- Se terminó el proyecto del área de estacionamiento de la Calle Industria.

5- Se rellenó la parte que bordea el puente del Río La Plata hacia el Fishing Club dándole un aspecto más atractivo a la entrada de nuestro pueblo.

6- Se adquirió un Tractor talador de grama y hierba para darle mantenimiento a los patios de las escuelas y los caminos municipales.

7- Se adquirió finalmente la Casa y terreno de la calle Norte que colinda con el Residencial El Dorado para hacer un paseo que dá acceso a la Urbanización Martorell.

8- Se han construído una serie de caminos vecinales que estaban intransitables entre ellos:

Los Romanes-Kuilan- Aballarde del Barrio Espinosa - Marismilla en Puertos del Barrio Higuillar- Sectores del Barrio Rio Lajas- Parcelas El Cotto del Barrio Maguayo Barriada San Antonio y otros.

9- Se compró un camión Tanque para la limpieza de pozos sépticos.

LIMPIEZA PUBLICA

1- Se adquirieron dos (2) camiones colectomáticos para el recogido de desperdicios en adición a los ya existentes.

2- Se adquirió también un cargador para el recogido de chatarras.

3- Se obtuvo un reconocimiento de la Junta de Calidad Ambiental clasificando el Vertedero Municipal 1-A

4- Con la adquisición de estos camiones y el recogedor de chatarra se ha mejorado por mucho el sistema de limpieza pública.

ALUMBRADO PUBLICOS Y FORESTACION :-

1- Se reocalizaron los postes del alumbrado en la Calle Méndez Vigo frente a la Urbanización San Antonio.

2- Se dotó a la Avenida que conduce del pueblo al Barrio Mameyal de luces de mercurio.

3- Se ha llevado a cabo una instalación masiva de nuevas luminarias en todos los sectores de nuestro pueblo.

4- Hemos asigando dinero para dotar de servicio de energía eléctrica a los siguientes sectores de nuestra población.

a- Sector Caño de la Urbanización San Antonio

b- Villa Terrones y Villa Plata en el Barrio Mameyal.

5- Se desarrollo una campaña de forestación sembrando más de doscientas (200) plantas ornamentales en las avenidas tramo del Residencial El Dorado y a la entrada de la población.

6- Por gestiones de esta Administración se escogió a Dorado como pueblo piloto para el programa de Forestación Estatal.

RECREACION Y DEPORTES

En este nivel se ha realizado una labor gigante ya que consideramos el medio más efectivo para combatir la delicuencia a la par que desarrolla al talento que mas tarde nos representarán en torneos internacionales.

A continuación se hace una reseña de toda la actividad en Recreación y Deportes.

1- Revivió la tradición de celebrarse al Mes de febrero el Carnaval de Dorado.

2- Se organizó un Campeonato de Baloncesto Inter-Comunidades.

3- Se instalaron canastos de Baloncesto en distintas areas de Dorado y sus Barrios.

4- Se celebraron varias clinícas de beisbol bajo la dirección del gran pelotero puertorriqueño Victor Pellot

5- Se fundó con caracter permanente la Liga de Beísbol Tomás Palmares realizandose un campeonato local. Posteriormente de los equipos participantes se hizo un selecciónado que participó en un intercambio deportivo con la Liga Manuel Henriquez de Ensanche Luperon de Santo Domingo.

6- Se celebraron una serie de Maratones con la participación de jóvenes y adultos de esta Municipalidad.

7- Conjuntamente con el Hotel Cerromar celebramos unas clinícas de golf con la participación estelar del gran Chichí Rodriguez y su hermano Jesús.

8- Se hicieron las gestiones y se obtuvo la franquicia para operar un equipo de la Liga Central de Beisbol.

9- Para que fuera posible la participación de este equipo, se mejoró el parque atlético de Dorado, construyendole la verja interior y exterior, los dugouts y las graderías con techo.

10 - Se han construído cinco (5) canchas de baloncesto y bolibol en las siguientes comunidades.

Sector Kuilan - Sector Rio Nuevo, Maguayo,
San Antonio del Barrio Higuillar, Mameyal

11- Se contrataron los servicios del Ex-campeón del Boxeo Aficionado Carmelo Vázquez hijo de este pueblo para ofrecer clínicas de boxeo en toda la municipalidad de Dorado. Ya se han escenificado varias carteleras con la participación de jóvenes productos de éstas clínicas.

12- Se dotó de alumbrado el Parque Atlético de Kuilan y se canalizaron las aguas que afectaban a dicho parque en tiempo de lluvias.

13- Se le hicieron reparaciones a la Cancha Municipal y se le instaló nuevas luminarias.

14- Se organizaron los equipos de Boricuitas entre las edades de 9 a 11 años .

15- Se organizó un torneo de softball femenino y un equipo de varones con la participación de Empleados Municipales.

16- Se organizó un Festival de Navidad con la colaboración de varios ciudadanos de la comunidad.

Queremos hacer público reconocimiento a las Asociaciones Recreativas sin ellas esta labor no hubiese tenido el éxito logrado.

Instrucción Cultural

1- Se organizó la Rondalla Municipal y pronto empezarán sus presentaciones. Participan en la Rondalla un promedio de 80 jovenes.

2- Se adquirieron todos los instrumentos y se habilitó un local en el Edificio de la Casa Alcaldía para los ensayos.

3- Se compraron nuevos textos de referencias para la Biblioteca Municipal.

4- Continuamos las gestiones para establecer el Museo y Centro Cultural.

5- Se compraron cuatro (4) Omnibus para la transportación escolar.

6- Se compraron varias fuentes de aguas para las escuelas y se repararon las que estaban defectuosas

7- La Administración Municipal ha cooperado en el mantenimiento de las Escuelas, mejorando los patios,etc

8- Nos acogimos al Programa de Experiencias de Trabajo para jovenes.

9- Se están dando unos cursos de Floristería a participantes en la Casa Alcaldía y en la Cooperativa del Barrio Mameyal, estos cursos son sin costo alguno para el participante.

VIVIENDA

1- El Municipio de Dorado hizo una aportación a la CRUV para construir las calles en el Proyecto Residencial San Carlos en el Barrio Higuillar para el reparto de 296 parcelas.

2- Se hizo otra aportación para la expropiación de terrenos del Sector Calandria.

3- Se gestiona con la CRUV el desarrollo de los terrenos invadidos para beneficio de los residentes de esos Sectores.

4- La Administración Municipal está cooperando con la CRUV y el Administrador del Residencial "El Dorado" en el embellecimiento del área.

ACUEDUCTOS Y ALCANTARILLADOS:

1- Se le hizo una aportación a la Autoridad de Acueducto y Alcantarillados para el suminstro de agua potable a veinte familias en el Sector Mavito del Barrio Espinosa.

2- Espero que no se quede ningún Sector de mi pueblo sin
   este servicio tan esencial para la vida de nuestros con-
   ciudadanos.

FOMENTO INDUSTRIAL

1- Gestionamos ante las Autoridades pertinentes la construcción de los Laboratorios de Medicina en el Barrio
   Mameyal y también se logró la instalación de otro Laboratorio donde estaba ubicada la Fábrica Hickock.

2- Se construyó un área para el desarrollo de nuevas
   Industrias detrás de la Fábrica Emerson.

3- Construcción de dos (2) Edificios para Industrias en
   Dorado a un costo de $245,000.00

DEFENSA CIVIL

1- Se organizó la Defensa Civil en Dorado y está prestando
   servicios eficientes a la Comunidad.

2- La Defensa Civil en Dorado a tomado parte destacada en
   las siguientes emergencias:

   a- Inundaciones de Semana Santa

   b- En la huelga de la Autoridad de las Fuentes
      Fluviales y Bomberos.

   c- Durante Las Fiestas PAtronales.

d- Reparto de agua potable cuando surgieron averías en las tuberías durante la huelga de Bomberos y Autoridad Fuentes Fluviales.

3- Se celebró por primera vez La Semana de La Defensa Civil. Queremos hacer público Reconocimiento a los Cuerpos de Voluntarios de la Defensa Civil y a su Director Local.

Proyectos Gestionados Por La Administración - Aprobados Por La Legislatura Y Firmados Por El Gobernador.

1- Mejoras al Laboratorio Agrólogo.

2- Desarrollo de un Puerto Pesquero en Breña.

3- Completar costos de terrenos y construir parque de Softball con alumbrado y verja en el Bo. Rio Lajas.

4- Mejoras al Acueducto de Sta. Rosa de Maguayo.

5- Construcción de gradas en el Parque de Pelota del Sector Puertos del Barrio Higuillar.

DISCURSO   DESPEDIDA ALCALDIA 1987

HERMANOS:

Por largo tiempo he sostenido una lucha interna entre el corazón y la mente. El primero me dicta continuar como alcalde de Dorado; la segunda me exige dejar la posición en el momento más oportuno. Es éste mi dilema: De hacerle caso al corazón tendría que permanecer en mi posición de alcalde toda la vida, dando el máximo en favor de mi pueblo. Se impone, sin embargo, el dictamen de la mente que me indica que lo más sensato y lo más conveniente para el pueblo es dar paso a nuevos líderes, ahora.

No ha existido nada, pero nada en mi vida que me haya producido mayor satisfacción que servirles desde la alcaldía. He trabajado duro, he dado el máximo, he experimentado la satisfacción del deber cumplido; pero jamás he albergado en mi ser ansias de perpetuarme en un poder que existe para servirle al pueblo. Por esta razón me he preguntado siempre: ¿Será saludable para Dorado que yo continúe en la Alcaldía? Siempre me he respondido con un NO bien categórico. Les confieso que me preocupa que se me atribuya todo lo bueno que hemos hecho o hemos logrado en Dorado. Es motivo de seria preocupación el que ustedes lleguen a confiar más en mí que en la capacidad y en la fuerza de ustedes mismos como un pueblo unido que ha sabido triunfar sobre todas las adversidades. "LA FUERZA ESTA EN EL PAIS",

- 2 -

NOS ADVIRTIÓ DON LUIS MUÑOZ RIVERA A PRINCIPIOS DE ESTE SIGLO. USTEDES SON LA FUERZA, LES DIGO YO HOY.

EN UNA ENCRUCIJADA SIMILAR SE ENCONTRÓ DON LUIS MUÑOZ MARÍN Y CON SU PARTICULAR SABIDURÍA TOMÓ LA DECISIÓN QUE MÁS CONVENÍA AL PUEBLO. ME VOY DE MI POSICIÓN, PERO NO ME RETIRO. COMO DIJERA EL GRAN LATINOAMERICANO JOSÉ MARTÍ, "EL DEBER DEL HOMBRE ESTA ALLI DONDE ES MAS UTIL". HACIENDO BUENA ESA PALABRA, ESTARÉ JUNTO A USTEDES DESDE OTRO LUGAR, SIRVIÉNDOLES A PUERTO RICO Y A USTEDES CON EL MISMO AMOR, EL MISMO ENTUSIASMO Y LA MISMA DEDICACIÓN DE SIEMPRE. CESO COMO ALCALDE, PERO NO CESO EN MI COMPROMISO DE DEFENDER Y LUCHAR POR EL PUEBLO AL QUE QUIERO ENTRAÑABLEMENTE.

SE PREGUNTARÁN USTEDES: ¿Y POR QUÉ AHORA? MI CONTESTACIÓN ES SENCILLA. SE APROXIMA UN AÑO ELECTORAL Y, SIENDO DE CONOCIMIENTO GENERAL QUE NO VOLVERÉ A POSTULARME PARA LA ALCALDÍA, NO DEBO ESPERAR AL PERÍODO DE ELECCIONES PARA RETIRARME DE MI POSICIÓN.

SI APLAZARA MI DECISIÓN HASTA EL 1988, PERMANECIENDO EN LA ALCALDÍA HASTA ENTONCES, ESTARÍA ALIMENTANDO SIN PROPONÉRMELO EL GERMEN DEL DIVISIONISMO QUE SIEMPRE PUEDE NACER EN EL FRAGOR DE UN DEBATE POLÍTICO ELECTORAL PROLONGADO. LAS LUCHAS POR CANDIDATURAS POR UN LADO Y POR OTRO LOS RECLAMOS DE APOYO QUE NOS HARÍAN A MÍ Y AL RESTO DEL PERSONAL LOS DIFERENTES ASPIRANTES PODRÍAN DISLOCAR Y HASTA PARALIZAR EL TRABAJO MUNICIPAL, Y POR CONSIGUIENTE, AFECTAR LOS SERVICIOS BÁSICOS Y ESENCIALES DEL PUEBLO. ES ESO LO QUE QUIERO EVITAR A TODA COSTA, PORQUE NADIE ES TAN GRANDE QUE PUEDA ESTAR SOBRE LOS INTERESES DE UN

- 3 -

PUEBLO Y NADIE DEBE SER TAN MEZQUINO COMO PARA OLVIDAR QUE LOS INTERESES DE SU PUEBLO SON MÁS IMPORTANTES QUE SUS PROPIOS INTERESES.

INSISTO. HERMANOS DILATAR ESTE PROCESO DE TRANSICIÓN HASTA 1988, EQUIVALDRÍA A MANTENER AL PUEBLO EN SUSPENSO POR MÁS DE UN AÑO, LO CUAL NO SERÍA NI JUSTO NI CONVENIENTE. INICIEMOS EL CAMBIO AHORA PARA QUE EL PUEBLO TENGA TIEMPO DE ADAPTARSE AL MISMO. LA TRANSICIÓN SERÁ, ASÍ, MÁS FÁCIL, MENOS DOLOROSA. LA HISTORIA ES UNA LECCIÓN CONSTANTE Y LAS LECCIONES SON PARA APRENDERSE. DE LA DECISIÓN Y LECCIÓN DE MUÑOZ APRENDÍ Y HOY HE TOMADO LA MÍA. YO NO RESPALDO NI ENDOSO A NINGÚN CANDIDATO PARA QUE ME SUSTITUYA. NINGÚN CANDIDATO TIENE MI AUTORIZACIÓN PARA USAR MI NOMBRE EN SU FAVOR O EN CONTRA DE OTROS. SI DE ALGO ME PRECIO ES DE QUE MI NOMBRE SE HAYA IDENTIFICADO CON LA UNIDAD DE TODO ESTE PUEBLO. SI ALGO DESEO ES QUE MI NOMBRE SIGA SIENDO UN SÍMBOLO DE ESA UNIDAD Y NO UNA BANDERA DE DISCORDIA. EL QUE DESEE OCUPAR LA POSICIÓN DE ALCALDE, QUE SE LA GANE POR SUS PROPIOS MÉRITOS Y ESFUERZOS. MI CANDIDATO ES EL PUEBLO DE DORADO Y MI CANDIDATO SERÁ EL QUE ESE PUEBLO SELECCIONE EN UN PROCESO JUSTO, IGUALITARIO Y DEMOCRÁTICO.

ME VOY CON EL MEJOR RECUERDO DE UN PUEBLO QUE SE HA SUPERADO, QUE HA CRECIDO GRACIAS A QUE, TOMADOS DE LA MANO, HEMOS RECORRIDO JUNTOS EL CAMINO DE LA PAZ, LA CONCORDIA, EL CARIÑO Y LA AMISTAD. LLEVO EN MÍ LAS HERMOSAS HUELLAS QUE HAN DEJADO 15 AÑOS DE SERVICIO A USTEDES. ME LLEVO EL RECUERDO GRATO DE QUE LA NUESTRA HA SIDO UNA RELACIÓN

DE CARIÑO Y RESPETO MUTUO. ME HAN QUERIDO Y YO HE CORRESPONDIDO A ESE CARIÑO.

EL SEÑOR GOBERNADOR DE PUERTO RICO ME HA INVITADO POR TERCERA VEZ A FORMAR PARTE DE SU EQUIPO DE TRABAJO. HOY HE DECIDIDO RESPONDER AFIRMATIVAMENTE A LA INVITACIÓN DEL SEÑOR GOBERNADOR Y, AUNQUE APENADO POR LA CIRCUNSTANCIA, LA ACEPTO CON ORGULLO.

LES HAGO A SU VEZ UN LLAMADO PARA QUE, EN LA MEDIDA EN QUE CONFIARON EN MÍ, CONFÍEN EN USTEDES MISMOS, EN SU CAPACIDAD Y EN SU MADUREZ DE PUEBLO. EL ÉXITO NUESTRO HA SIDO UN ÉXITO DE CONJUNTO Y, SI HAY QUE ATRIBUIRLE A ALGUIEN LOS GALARDONES POR ELLO, DEBE SER A USTEDES. NO HA SIDO EMPRESA DE UN SOLO HOMBRE, TODOS HAN APORTADO A LOS LOGROS Y LAS CONQUISTAS DE NUESTRO PUEBLO. HUMANAMENTE ES IMPOSIBLE REALIZAR SOLO TODO LO QUE SE HA HECHO EN DORADO. SOMOS UNA CIUDAD EJEMPLAR, HEMOS ECHADO A UN LADO TODAS LAS DIFERENCIAS QUE DE ORDINARIO SEPARAN A LOS PUEBLOS PARA ESTRECHAR LOS VÍNCULOS QUE NOS UNEN BAJO UN COMÚN DENOMINADOR: EL AMOR Y EL COMPROMISO CON NUESTRO PUEBLO.

YO HE SIDO UN SIMPLE CAPITÁN CON UNA TRIPULACIÓN EXCELENTE. LA LLEGADA AL PUERTO HA SIDO SEGURA Y CUALQUIER CAPITÁN LO HUBIESE LOGRADO SI CONTARA PARA ELLO CON EL RESPALDO Y EL ENTUSIASMO DE UNA TRIPULACIÓN COMO USTEDES. SÉ QUE LA MAYORÍA ENTIENDE MI DECISIÓN, OTROS AÚN NO LA ENTIENDEN Y ALGUNOS HASTA SE RESISTEN A ENTENDERLA. PERO UNA COSA ES CLARA Y SEGURA: EL CARIÑO DE USTEDES ME HA HECHO MUCHO BIEN; CONSERVARÉ PARA TODOS UN AMOR PURO Y

ACENDRADO EN LO MÁS PROFUNDO DE MI CORAZÓN.

DEJO UN MUNICIPIO CON UNA BUENA SALUD ECONÓMICA, CON UNA GRAN IMAGEN Y UN PRESTIGIO BIEN GANADO. EL DINERO EN CAJA ES MILLONARIO Y LA DEUDA RELATIVAMENTE MÍNIMA. LOS PROYECTOS EN EJECUCIÓN O EN PLANES CUENTAN CON FONDOS ASIGNADOS PARA SU REALIZACIÓN.

AL QUE VENGA DESPUÉS DE MÍ, ESTIMÚLENLO, AYUDÉNLO EN SU TAREA, HÁGANLE LA CARGA LIGERA. NO LE IMPONGAN CARGAS QUE HONESTAMENTE NO PUEDA LLEVAR.

ES POSIBLE QUE EN EL DESEMPEÑO DE MIS FUNCIONES Y CUMPLIENDO CON LOS DEBERES DE MI CARGO HAYA AFECTADO ADVERSAMENTE A UNO O LASTIMADO LA SENSIBILIDAD DE OTRO. ESTO SE DIO CUANDO TUVE QUE DECIDIR ENTRE UN INDIVIDUO O LA TOTALIDAD DEL PUEBLO, CUANDO TUVE QUE ESCOGER ENTRE LOS INTERESES PERSONALES DE UNOS POCOS Y LOS INTERESES DE TODA LA COMUNIDAD. MI ÚNICA MOTIVACIÓN HA SIDO Y SERÁ DORADO Y ESO ESTARÁ POR ENCIMA DE CUALQUIER OTRA CONSIDERACIÓN.

A LOS COMPAÑEROS DE TRABAJO, MI AGRADECIMIENTO MUY PERSONAL POR SU LEALTAD Y SERVICIO. AL PUEBLO TODO, MI GRATITUD ETERNA POR SU RESPALDO Y COLABORACIÓN EN LAS DISTINTAS TAREAS QUE JUNTOS HEMOS DESEMPEÑADO. NO ME DESPIDO PORQUE NO ESTARÉ LEJOS, ESTARÉ AQUÍ CERCA DE USTEDES Y USTEDES ESTARÁN SIEMPRE EN MI CORAZÓN. QUE DIOS NOS ILUMINE A TODOS EN ESTA HORA. HASTA MAÑANA, HERMANOS, HASTA MAÑANA.

HON. ALFONSO LOPEZ CHAAR
ALCALDE DE DORADO

.... Le serviré a mi pueblo con devoción, honestidad e
integridad y fuera de líneas partidístas.

ESTADO LIBRE ASOCIADO DE PUERTO RICO

Gobierno Municipal

DORADO, PUERTO RICO

INVITACION

AL PUEBLO DE DORADO Y PUEBLOS LIMITROFES

El entusiasta pueblo de Dorado se prepara para celebrar con gran regocijo sus tradicionales Fiestas Patronales en honor al Excelso Patrón San Antonio de Padua.

Durante los diez (10) días que nuestro pueblo se vestirá de gala y habrá sana diversión para grandes y chicos.

Espero que este año mis compueblanos y los amigos de los pueblos limítrofes gocen a plenitud de las festividades. Por tal motivo no he escatimado en contratar las mejores agrupaciones del momento y los mejores intérpretes de la radio y la televisión del país.

Me siento muy contento de poder invitarles para que estén con nosotros durante estos diez días.

Los espero.

ALFONSO LOPEZ CHAAR
Alcalde

JUNIO 8 - VIERNES

Dedicado a nuestros amigos de los vecinos pueblo de Toa Baja,
Vega Alta, Cataño, Bayamón y Toa Alta

5:00 A.M. Alegre Diana recorrerá las calles del pueblo
7:00 A.M. Misa en la Iglesia Católica
12:00 M. Salva de Cohetes iniciará la Fiesta
12:05 P.M. Rotura Piñata - Payaso Pirulí
7:00 P.M. Misa y Novena en la Iglesia Católica
7:30 P.M. Proclama de la Reina y entrega de la Llave Simbólica
de la Ciudad por el Alcalde
8:00 P.M. Monumental Show a cargo del cantante mejor cotiza-
zado del momento: Danny Rivera
9:00 P.M. Fuegos Artificiales
9:00 P.M. Gran Baile con los Apolo Sounds

CORTESIA DE

MUEBLERIA
HERNANDEZ

JORGE T. HERNANDEZ
CALLE INDUSTRIA #19
DORADO, P.R.

JUNIO 9 - SABADO

Dedicado con todo cariño a los Doradeños radicados en la ciudad de New York y New Jersey

5:00 A.M. Alegre Diana recorrerá las calles del pueblo
5:30 A.M. Misa en la Iglesia Católica
12:00　M. Salva de Cohetes Bomba
6:00 P.M. Show Infantil con el Payaso Pirulí
7:00 P.M. Misa y Novena en la Iglesia Católica
8:00 P.M. Show de la inquieta Vedette puertorriqueña Iris Chacón
9:00 P.M. Baile a 2 Orquestas: Sabor d eNacho. y Nelson Avilés

CORTESIA DE

TEL. 784-2143
784-1005

Sabana Seca Country Club

Mr. Martínez Place
Sabana Seca, P.R.

JUNIO 10 - DOMINGO

Día de los Doradeños Ausentes

5:00 A.M. Alegre Diana recorrerá las calles del pueblo

7:00 A.M. Misa en la Iglesia Católica

9:00 A.M. Misa en la Iglesia Católica

10:00 A.M. Recibimiento y Agasajo a los Doradeños Ausentes

7:00 P.M. Misa y Novena en la Iglesia Católica

9:00 P.M. Baile: Babó Jiménez y su Orquesta

CORTESIA DE

Tienda La Borinqueña

4-DIA DE FIESTA

JUNIO 11 - LUNES

7:00 A.M. Misa en la Iglesia Católica
7:00 P.M. Show: Trío Julito Rodríguez
7:00 P.M. Novena en la Iglesia Católica
8:00 P.M. Fuegos Artificiales
9:00 P.M. Baile con Joe López y su Sonora Moderna

Cortesía de

COLMADO RAFITA ORTIZ

BARRIO SAN ANTONIO

DEL TORO EQUIPMENT INC.

CALLE 6 327 FLAMINGO HILLS

BAYAMON, P.R. 00619

6 - DIA DE FIESTA

JUNIO 13 · MIERCOLES

DIA DEL PATRON SAN ANTONIO DE PADUA

7:00 A.M. Misa en la Iglesia Católica

7:00 P.M. Misa y Novena en la Iglesia Católica

Procesión - Reparto de los Panes de San Antonio

8:00 P.M. Show: Policía Pichón con Pancholo

9:00 P.M. Baile: Sabor de Nacho

PESCADERIA
VEGA ALTA
K—2 KM. 28 ESPINOSA

TENEMOS LANGOSTAS VIVAS, JUEYES, CA-
MARONES DEL PAIS, PULPO Y MARISCOS EN
GENERAL   VISITENOS Y LE GUSTARA

Cortesía de

MARIO RODRIGUEZ

7-DIA DE FIESTA

JUNIO 14 · JUEVES

7:00 A.M. Misa en la Iglesia Católica

7:00 P.M. Novena en la Iglesia Católica

7:30 P.M. Fuegos Artificiales

7:30 P.M. Show: Santero

9:00 P.M. Baile: Igor Xavier y sus Batá

FUNERARIA DUEÑO

CALLE INDUSTRIA #10, DORADO

TEL. 796-1025

LES DESEA MUCHAS FELICIDADES EN
ESTAS FIESTAS PATRONALES

ATENDEMOS LOS SUYOS COMO LOS NUESTROS.

TENEMOS MODERNAS CAPILLAS Y HACEMOS

TRASLADOS AL EXTRANJERO Y TODA LA ISLA

A TODAS LAS HORAS DEL DIA. ATENDIDO POR

SUS PROPIOS DUEÑOS.. TENEMOS UN ESTACIO-

NAMIENTO PARA 500 CARROS.

CAPILLAS MODERNAS   PARKING GRANDE

8-DIA DE FIESTA

JUNIO 15 - VIERNES

7:00 A.M. Misa en la Iglesia Católica
7:00 P.M. Misa y Novena en la Iglesia Católica
8:00 P.M. Show: Felipe Rodríguez y Davilita
9:00 P.M. Baile a 2 Orqusetas: Tempo 70 y Tommy Olivencia

9 - DIA DE FIESTA

JUNIO 16 - SABADO

12:00   M. Salva de Cohetes Bombas

5:00 P.M. Show Infantil con el Payaso Pirulí

5:30 P.M. Misa en la Iglesia Católica

7:00 P.M. Misa y Novena en la Iglesia Católica

8:00 P.M. Fuegos Artificiales

8:15 P.M. Show India

9:15 P.M. Baile en el Templete a 2 Orquestas: Bobby Valentín
y Revolución 70

JUNIO 17 - DOMINGO

DIA DE LA CORONACION

FIN DE FIESTA

7:00 A.M. Misa en la Iglesia Católica

9:00 A.M. Misa en la Iglesia Católica

2:00 P.M. Baile: Matineé dedicado a la Juventud

7:00 P.M. Misa en la Iglesia Católica

9:00 P.M. Coronación

10:00 P.M. Baile de Coronación amenizado por la reputada Orquesta de César Concepción con Joe Vallé

El Pocito Dulce

DE: Julio Maldonado
Bebidas de todas clases
Lechón asado a la varita

Bo. Candelaria KM. 19.4 Carr. #2
A SUS ORDENES

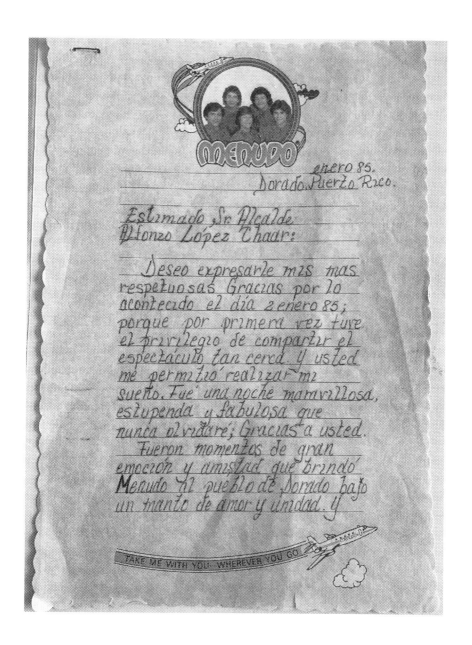

enero 85.
Dorado, Puerto Rico.

Estimado Sr. Alcalde:
Alfonzo López Chaar:

Deseo expresarle mis mas
respetuosas Gracias por lo
acontecido el día 2 enero 85;
porque por primera vez tuve
el privilegio de compartir el
espectáculo tan cerca. Y usted
me permitió realizar mi
sueño. Fue una noche maravillosa,
estupenda y fabulosa que
nunca olvidaré; Gracias a usted.
Fueron momentos de gran
emoción y amistad que brindó
Menudo al pueblo de Dorado bajo
un manto de amor y unidad. Y

TAKE ME WITH YOU· WHEREVER YOU GO

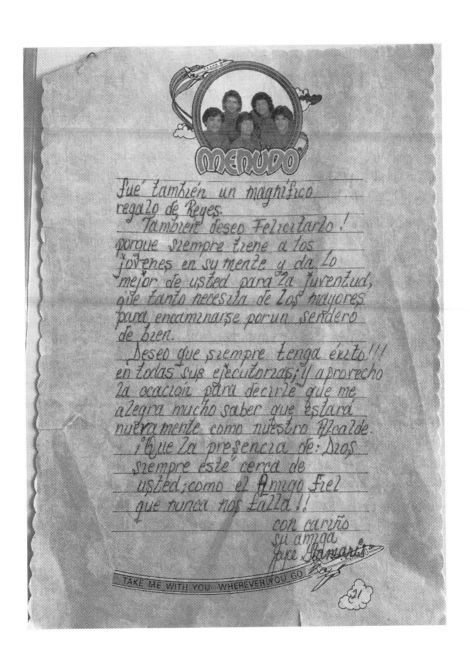

Fue también un magnífico regalo de Reyes.

Tambien deseo Felicitarlo! porque siempre tiene a los jovenes en su mente y da lo mejor de usted para la juventud, que tanto necesita de los mayores para encaminarse por un sendero de bien.

Deseo que siempre tenga éxito!!! en todas sus ejecutorias; y aprovecho la ocación para decirle que me alegra mucho saber que estará nuevamente como nuestro Alcalde.

¡Que la presencia de: Dios siempre esté cerca de usted; como el Amigo Fiel que nunca nos falla!!

con cariño
su amiga
Juce Ganiarts

TAKE ME WITH YOU WHEREVER YOU GO

16 de junio de 1987

Estimado amigo Papifio:-

La verdad sincera es que me apena la decisión tuya de dejar el puesto de Alcalde de nuestro pueblo que tan honrosamente ha mantenido por espacio aproximado de veinte (20) años.

Entiendo tus manifestaciones pero no puedo entender que una persona como tu que gozas del aprecio de nuestro pueblo porque lo ha evidenciado con el respaldo que siempre te hemos dado no es justo que ahora nos dejes cuando ahora más que nunca te necesitamos. Tenemos una meta que alcanzar para el año 2000 (faltan apenas trece (13) años) y comprendemos que solo con tu dinamismo lo podemos ver realizado.

Tu eres un hombre joven con vitalidad suficiente para seguir dándole tus conocimientos a este pueblo que casi te vió nacer y; que unos años más al servicio de Dorado, te lo vamos agradecer.

Debes poner en manos de Dios esta ligereza tuya y Orar y si después de meditar te convences que el paso a dar es el camino a seguir, por favor, vuelve pronto <u>porque estoy seguro que nuestro pueblo te recibirá con los brazos abiertos</u>.

He podido observar la tristeza de casi todos los funcionarios y empleados y muchos han llorado, aunque tu lo dudes, al saber que piensas renunciar,

La Fortaleza es el Municipio de Dorado lo que tu debes fortalecer con tu capacidad física y mental y no otra <u>Fortaleza</u>.

Espero desista de la idea que se te ha metido en tu cabeza en dejar la alcaldía, cuando verdaderamente no nos me-

16 de junio de 1987

recemos tal actitud tuya, cuando todos tenemos nuestra fé puesta en ti para que hagas de Dorado, lo que has venido haciendo, un pueblo limpio, alegre, bien administrado y con un desarrollo agigantado debidamente planificado.

Para conseguir un Alcalde como tu tienen que pasar muchas generaciones.

Tu amigo,

Marciano (Chanito) Navedo

Hon. Alfonso López Chaar
Alcalde
Dorado, Puerto Rico

NORTHERN BUSINESS SERVICE
343 - ALTOS MENDEZ VIGO ST. · P.O. BOX 513 · DORADO, PUERTO RICO 00646

2da Iglesia Pentecostal Bethesda Inc.
P.O. Box 204
Dorado, Puerto Rico 00646

Hon. Alfonso López Chaar
Alcalde de Dorado

Muy apreciado Papiño:

Que el amor de Dios; la paz de Jesucristo; y la comunión del Espíritu Santo sea contigo ahora y siempre.

Aproximadamente hacen 14 años que un hombre revolucionario; un vidente, visionario, desprendido, amador de lo bueno del progreso, seguidor de lo justo, capas de sacrificarse en lo que haya que sacrificarse por el bienestar, la paz y tranquilidad de su pueblo a quien quiere tanto como a su misma vida, hizo su incursión en la vida pública de este pueblo de Dorado.

Este hombre ha tomado asiento en la historia de este pueblo como el mas insigne de sus maestros.

Sacó a este pueblo del anonimato histórico, del basurero en el cual se encontraba de la incultura en que vivía de una profunda dejadez.

Ha traido a este pueblo un nuevo estilo de vida, que ha permitido ser el pueblo de mayor progreso en P.R.

No hay un pueblo más orgulloso y esperanzador que el pueblo de Dorado, todo esto se ha logrado por la guiansa y directrices de este hombre.

Este pueblo que por tanto ha progresado en diferentes facetas de su diario vivir todavía no esta preparado para ser guiado y dirigido por discípulos. Necesita hoy más que nunca la presencia diaria del maestro.

Es posible que el maestro este creyendo que ya ha instruido completamente a su pueblo y que otros que estan a su lado también lo esten creyendo. Pero no es así, todavía este pueblo no está preparado para ser dirigido y guiado por un discípuloque pueda reemplazar al maestro de los maestros en este preciso momento.

El maestro todavía no ha preparado bien a su estilo a un discípulo capaz de hacer un 50% de lo que el maestro hace diariamente. Sería un desastre, se crearía un caos; habría una revolución negativa, estaría este pueblo abocado a un retroceso en todo sentido muy peligroso, capaz de producir una guerra sin cuartel que llevaría indiscutiblemente a una peligrosa division institucionaria conducente a una muy segura derrota electoral.

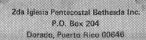

2da Iglesia Pentecostal Bethesda Inc.
P.O. Box 204
Dorado, Puerto Rico 00646

Maestro, como te sentirias viendo a tus enemigos políticos disfrutar y gobernar lo creado con tanto sacrificio por ti. Expuesto a que comiencen a cambiar lo que tambien hecho está. No, no, no, por Dios y por amor de tu pueblo no lo permitas maestro. No permitas una guerra sin cuartel entre tus seguidores y discípulos, no permitas una derrota electoral y menos una división, por favor no.

No importa en el lugar de prestigio en que te encuentres, no te perdonariamos si algo asi acontece, como seguramente va a acontecer Tú mismo descenderias del sitial tan alto en que este pueblo te ha puesto. Piensalo más y más profundamente maestro.

Maestro, tú no necesitas ningun otro puesto, para obtener renombre prestigio, respeto, consideracion, admiración, hoy por hoy tú eres uno de los hombres de mayor prestigio, consideracion, admiración, respeto en P.R.

Maestro, si tienes que sacrificarte economicamente, vale la pena hacerlo en aras a la unidad tranquilidad y paz de este pueblo.

Piénsalo un poco más maestro por la paz y la unidad de este pueblo Dile no al gobernador, dile no a tus malos consejeros al respecto, dile no al dinero, dile no al renombre, usted no necesita mas prestigio, le sobra.

Este pueblo no quiere que la historia de Sánchez Vilella, señalado por el maestro de los maestros para gobernador, se repita; No era el tiempo de cambio, la historia asi lo confirma.

Maestro llegará el tiempo de usted dejar la cátedra en la universidad en que usted está enseñando, sí ya llegará; pero todavía no es tiempo, Necesita este pueblo ser preparado, bien preparado para un cambio de maestro.

Maestro, has hecho mucho por este pueblo pero olvidaste enseñar a este pueblo a vivir sin tí politicamente. Maestro no te vayas sin hacer este trabajo que es mas importante que todo y es mucho lo que haz hecho, y para hacer ese trabajo requiere tiempo y sutileza, tú puedes hacerlo comienza. San Lucas 24:29 "Mas ellos le detuvieron por fuerzas diciendo: Quédate con nosotros, porque se hace tarde, y el dia ya ha declinado: Entro pues a estarse con ellos. Piensa sobre todo lo que significa este texto bíblico: favor de leer San Lucas capítulo 24 desde versículo 13 al 31.

2da Iglesia Pentecostal Bethesda Inc.
P.O. Box 204
Dorado, Puerto Rico 00646

No te vayas todavía maestro, sería un gran error que lo hagas ahora, llegará el tiempo pero todavía no es el tiempo.

El único que puede librar a este pueblo de una guerra entre amigos y compueblanos eres tú maestro.

Yo creo que este es el más importante sacrificio hecho por ti de los miles que ha tenido que hacer. ¿Crees que este pueblo se lo merece? Tú lo sabes.

Haz un communicado de prensa y que las palabras que articules le traigan sosiego, unidad y esperanza a tu pueblo.

Tú comienza la guerra, o tú la disipas.

Muy respetuosamente.

Rvdo. Arturo de Jesús

mcr

CIUDAD DE DORADO

Alfonso López Chaar
ALCALDE

23 de junio de 1987

Rvdo. Arturo de Jesús
Segunda Iglesia Pentecostal
Bethesda, Inc.
P.O. Box 204
Dorado, Puerto Rico 00646

Estimado Reverendo de Jesús:

Permíteme expresarte mi más sincero agradecimiento, primero, por tu opinión sobre mi persona y, segundo, por la franqueza con que analizas mi decisión de retirarme de la alcaldía. Difiero, sin embargo, de tu análisis por las razones que te expondré más adelante.

Debo admitir, a continuación que tomar la decisión que he tomado no ha sido fácil; ha sido el resultado de mucho tiempo de reflexión sobre lo que más le convendría a nuestro pueblo. Te confieso que ha sido una decisión tan difícil de tomar como la que tomé hace quince años de participar en la vida política del país alentado por personas como tú que en ese momento llegaron al extremo de proclamar que yo era la salvación a sabiendas de que la connotación religiosa de ese término les podría acarrear serias dificultades. Ciertamente yo no era la salvación. La salvación estaba, está y estará en el propio pueblo. Yo sólo era y he sido un instrumento para dirigir al pueblo en su lucha por eso que ustedes llamaron "la salvación" y que no es otra cosa que el reconocimiento de nuestras propias posibilidades y aspiraciones y la proyección visible en el tiempo y en el espacio social y político de esas posibilidades y aspiraciones.

Gracias a Dios se ha realizado una obra que es reconocida por el pueblo; pero pecaría yo de ególatra y arrogante si me autoproclamara artífice único de esa obra que TODOS hemos realizado. Por la misma razón debo rechazar tu argumento de que no existe un solo "discípulo capaz de hacer un 50% de lo que el maestro hace diariamente." Si admitiera esa afirmación, estaría admitiendo mi fracaso como líder porque el buen líder no es aquél que llega a hacerse indispensable sino el que ha preparado el camino para que, en su ausencia, el pueblo pueda seguir adelante con su proyecto histórico.

Josué completó la obra de Moisés (léase libro de Josué). Juan el Bautista supo echarse a un lado para que sus discípulos siguieran a Jesús (Juan 1:35-37). Y el propio Jesús - contrario a tu inferencia del pasaje

240

Rvdo. Arturo de Jesús
- 2 -
23 de junio de 1987

que me recomienda leer - ante el reclamo de aquellos caminantes que le suplican "quédate con nosotros", solamente se queda con ellos el instante necesario para que le abrieran sus ojos y comprendieran que ya su misión se había cumplido (Lucas 24:29-31). Desde el anuncio de mi renuncia hasta la fecha de su efectividad habrá transcurrido mes y medio, mucho más tiempo que el necesario para que abramos los ojos y entendamos que no es hora de lamentaciones sino de aceptar la responsabilidad de cada uno en la continuación de la obra.

Me sorprende, por otro lado, tu categórica afirmación de que mi renuncia propiciará la derrota electoral de nuestro partido y así el acceso al poder de los que llamas "mis enemigos políticos", lo cual "no te perdonaríamos". Todo eso por mi supuesto deseo de reconocimiento y de prestigio. Mi sorpresa se debe a que partes de una premisa hipotética para inventar un caos imaginario del cual ya me has hecho culpable. ¡Por favor, Arturo! Si el pueblo se equivoca al seleccionar (que se puede equivocar) ya tendrá la oportunidad de reevaluar su decisión cuatro años después. Pero yo tengo fe. Fe en Dios que no habrá de abandonar a nuestro pueblo y fe en la capacidad de nuestro pueblo para darse el liderato que merece y avanzar hacia las metas que se ha trazado. Por otro lado estoy seguro de que nunca he tenido "enemigos", he tenido "adversarios" que, en la mayoría de los casos, me honran con su amistad. ¿Que busco prestigio y reconocimiento? Hablas, Arturo, como si no me conocieras. Bien sabes que he rechazado antes posiciones de mayor prestigio y envergadura. Me basta con el cariño y el reconocimiento de mi pueblo cálido y pequeño. Tú me conoces bien, como yo te conozco a ti. Por eso no te suena bien a mis oídos tu expresión "no te perdonaríamos". Cuando Pedro le pregunta a Jesús si es necesario perdonar hasta siete veces el Maestro le responde: "No te digo hasta siete sino aún hasta setenta veces siete" (Mateo 18:22).

Finalmente dices bien cuando dices que Muñoz se equivocó. El mismo tuvo el valor de admitirlo; pero su error no fue retirarse a tiempo, fue señalar a su sucesor histórico e intervenir luego en una candidatura en la que jamás debió haber participado. Yo, como Muñoz, quiero ceder mi espacio a otros que dirijan a este pueblo con nuevas ideas y nuevos estilos de trabajo. Yo, contrario a don Luis, ni he señalado a sucesor alguno ni lo haré. Mi candidato será el que el pueblo seleccione - sin influencia alguna de mi parte - en un proceso libre y democrático.

Estas palabras, para expresarte que tu reclamo de que permanezca en la alcaldía me resulta inadmisible. Ni comienzo una guerra ni la disipo. Propicio un proceso de renovación en nuestro pueblo con una fe inquebrantable en su capacidad para seguir forjando su destino y con la firme convicción de que contribuyo de este modo a afianzar nuestro proceso democrático. Espero que ahora comprendas mi determinación de seguir defendiendo los intereses del pueblo de Puerto Rico desde una nueva trinchera y permitir que otros vayan tras mí abriendo nuevos surcos de esperanza para el pueblo de Dorado. Recibe mi más fraternal abrazo.

Tu hermano,

ALFONSO LOPEZ CHAAR
ALCALDE

DORADO CIUDAD MAS LIMPIA DE PUERTO RICO

ALFONSO LÓPEZ CHAAR "PAPIÑO"

Rafael Hernández Colón

24 de junio de 1987

Sr. Alfonso López Chaar
Presidente del PPD en Dorado
Comité Municipal
Dorado, Puerto Rico 00646

Mi querido Papiño:

Correspondo a tu carta del 12 de junio renunciando a esa fecha como candidato del PPD a Alcalde de Dorado, y renunciando, efectivo el 2 de agosto de 1987, a la posición de Presidente del PPD en Dorado.

Tú eres uno de los líderes de nuestra causa que con mayor devoción y entusiasmo ha servido tanto a la PAVA como al Estado Libre Asociado de Puerto Rico.

Eso, claro está, hace más doloroso verte partir de las posiciones políticas que con tanto empeño y honradez has desempeñado por décadas, no sólo para el bien de tu pueblo de Dorado sino de todo Puerto Rico.

El vacío político que dejas no será fácil de llenar, pero sé que el recuerdo de tu obra será aliciente para la excelencia en su quehacer de quien sea al que corresponda ocupar la vacante de los puestos que con tanto honor has desempeñado.

Gracias, Papiño, por toda la obra de bien que has hecho por tu pueblo y por tu Partido. Y gracias a Dios que, aún dentro de tu ausencia del quehacer de Dorado, queda el consuelo que serás presencia de buen quehacer aquí en esta Casa, hasta donde has venido para ayudarnos en el compromiso de conciencia que hemos hecho con nuestro pueblo de servirle sin cesar, como espera, y exige de nosotros.

Con el afecto de siempre,

Rafael Hernández Colón

OFICINA DEL GOBERNADOR
LA FORTALEZA
SAN JUAN, PUERTO RICO 00901

10 de enero de 1988

Hon. Rafael Hernández Colón
Gobernador
La Fortaleza
San Juan, Puerto Rico

Estimado señor Gobernador:

El pasado 1ro de agosto de 1987 me integré a
su cuerpo de asesores, específicamente en el área de
Asuntos Municipales. Debido a la designación que usted
me hiciera de Secretario de Estado Interino, me veo
obligado a renunciar a mi posición de Asesor del
Gobernador en Asuntos Municipales, con efectividad al
domingo 10 de enero de 1988.

Agradezco la oportunidad que me concediera de
formar parte de su grupo de Asesores.

Atentamente,

ALFONSO LÓPEZ CHAAR

El Secretario de Estado

San Juan, Puerto Rico

30 de marzo de 1988

Hon. Rafael Hernández Colón
Gobernador
La Fortaleza
San Juan, Puerto Rico

Estimado señor Gobernador:-

El pasado mes de enero de 1988 fuí invitado por usted a aceptar la posición de Secretario de Estado hasta el próximo enero de 1989. En aquel entonces le manifesté que si se trataba de resolverle un problema a usted en su administración, estaba disponible para aceptar cualquier posición, sin importar el título o nivel jerárquico del mismo.

Le sugerí entonces que me designara como Secretario de Estado Interino en lo que usted hacía sus determinaciones finales y a su vez me permitía evaluar mis nuevas funciones, sobre la marcha.

En el periódico El Mundo de hoy, miércoles 30 de marzo de 1988, el compañero Miguel Hernández Agosto hace públicas las conversaciones que en privado tuviéramos usted y yo. El parte de prensa debilita sustancialmente mi posición y no veo como mi nombramiento pueda pasar el juicio del Senado. Ante esta circunstancia le presento mi renuncia al cargo de Secretario de Estado Interino con efectividad al 15 de abril de 1988.

Agradezco sobre manera la experiencia única adquirida en el desempeño de estas funciones. En mí tendrá usted el colaborador y amigo de siempre. Aprovecho para solicitarle me

Pág. 2
Cont. Carta al Hon. Rafael Hernández Colón
30 de marzo de 1988

haga efectivas el pago de mis vacaciones acumuladas conforme con lo dispuesto por ley.

Muy Cordialmente,

ALFONSO LÓPEZ CHAAR

El Gobernador de Puerto Rico

4 de abril de 1988

Hon. Alfonso López Chaar
Secretario de Estado
San Juan, Puerto Rico

Estimado Papiño:

He recibido tu carta renunciando a tu puesto
efectivo el 15 de abril. Presumo la escribiste
luego de que Alonso te comunicara que para mí las
expresiones de Miguel aparecidas en la prensa no
excluían un diálogo con él para viabilizar tu perma-
nencia hasta diciembre 31, como inicialmente te
indiqué que te necesitaba en el puesto. De todos
modos te agradeceré, si te es posible y para ayudarme,
permanezcas en la posición hasta el final de la
Sesión Ordinaria --31 de mayo-- para lo cual no es
necesario enviar el nombramiento.

Cordialmente,

Rafael Hernández Colón

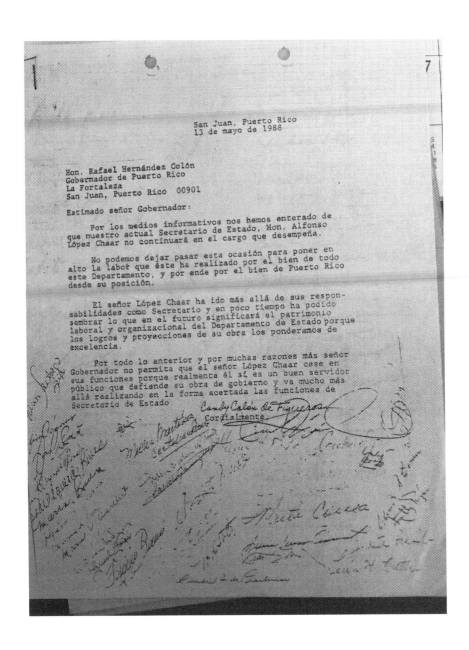

San Juan, Puerto Rico
13 de mayo de 1988

Hon. Rafael Hernández Colón
Gobernador de Puerto Rico
La Fortaleza
San Juan, Puerto Rico 00901

Estimado señor Gobernador:

Por los medios informativos nos hemos enterado de que nuestro actual Secretario de Estado, Hon. Alfonso López Chaar no continuará en el cargo que desempeña.

No podemos dejar pasar esta ocasión para poner en alto la labor que éste ha realizado por el bien de todo este Departamento, y por ende por el bien de Puerto Rico desde su posición.

El señor López Chaar ha ido más allá de sus responsabilidades como Secretario y en poco tiempo ha podido sembrar lo que en el futuro significará el patrimonio laboral y organizacional del Departamento de Estado porque los logros y proyecciones de su obra los ponderamos de excelencia.

Por todo lo anterior y por muchas razones más señor Gobernador no permita que el señor López Chaar cese en sus funciones porque realmente él sí es un buen servidor público que defiende su obra de gobierno y va mucho más allá realizando en la forma acertada las funciones de Secretario de Estado.

Cordialmente

El Gobernador de Puerto Rico

31 de mayo de 1988

Hon. Alfonso López Chaar
Departamento de Estado
San Juan, Puerto Rico

Querido Papiño:

Recibí tu carta del 27 de mayo de 1988, presentando
tu renuncia al cargo de Secretario de Estado, Interino,
del Estado Libre Asociado de Puerto Rico, efectiva al 31
de mayo de este año, luego de desempeñar magníficamente
las funciones de Secretario de Estado durante el tiempo
que te pedí que lo hicieras, probando así tu extraordinario concepto del deber como el servidor público
abnegado que eres.

Al aceptar tu renuncia, no puedo dejar de darte mis
gracias más sinceras por tu ayuda, buena y generosa ayuda,
y por tu disposición de seguir sirviéndole a esta tierra
en la forma y manera que tu conciencia te dicta que le
sirvas.

Sé que podré seguir contando contigo siempre, en
todas las obras de bien que todavía tenemos que hacerle
al país.

Con mi mayor afecto personal,

Rafael Hernández Colón

11 de mayo de 1988

Hon. Alfonso López Chaar
Departamento de Estado
San Juan, Puerto Rico

Estimado amigo:

He leído con tristeza y asombro que el Gobernador se abstendrá de remitir a las Cámaras Legislativas, según dispone el requisito constitucional, nombramiento alguno para el cargo de Secretario de Estado.

Participé activamente en el debate que dentro y fuera de la Convención Constituyente se celebró en torno a esta cargo. Fue precisamente el asunto que mayor controversia motivó al considerarse el Artículo sobre el Poder Ejecutivo. Muchos de los miembros de la Convención Constituyente considerábamos de rigor cumplir con la norma tradicional en el derecho político en las democracias de requerir que tanto el primer ejecutivo como su substituto sean objeto de aprobación electoral directa.

Al modificarse la propuesta original sometida por Samuel R. Quiñones y transferirse al Secretario de Estado, en adición a sus otras funciones, la responsabilidad substitutiva del Gobernador, se estipuló que en este único nombramiento sería menester que ambas cámaras legislativas imprimiesen su aprobación a la persona designada. Hasta este año todos los gobernadores habían respetado y atendido este requisito constitucional. No veo razón alguna para que nuestro gobernador se sienta en libertad de contravenir la definición que Luis Muñoz Marín daba al electorado al solicitar su voto a favor de ese documento: "La Constitución es la ley que gobierna al gobierno."

En el aspecto personal me duele que haya sido usted la persona objeto de este particular incumplimiento del juramento contraído con el país. Usted se ha distinguido como un funcionario y un administrador ejemplar. Pensé que su designación habría de constituir por parte de Rafael Hernández Colón y de la Legislatura un reconocimiento merecido a quien ha demostrado en la práctica gran dedicación y efectividad en el servicio público.

Reciba el testimonio de mi mayor aprecio por la dignidad y decoro con que ha sabido usted atender toda esta difícil situación.

Cordialmente,

JAIME BENITEZ

am

14/V/95

Honorable Representante
Alfonso López Cha

Estimado Representante:

Quiero felicitarlo por esa medida que usted propone que favorece a las viudas o viudo que al fallecer uno de ellos, enseguida aparecen los herederos y piden que se venda el techo donde viven.

Yo le escribí al Sr. Nicolás Nogueras acerca de lo injusto de esta ley y le pedí que hiciera algo. El muy amable me contestó, pero no hizo nada. Le escribí a la presidenta de la cámara y ni siquiera me contestó; no recibí la carta devuelta no se por qué pasó.

Hay hijos que nunca aprecian a sus padres; pero tan pronto muere uno de ellos enseguida están en el funeral no porque estén tristes, pues una persona que nunca mandó una tarjetita en el Día de los Padres o las Madres o que nunca se preocupó por la salud de sus padres y el día del Funeral sí, se acordó de venir; se acordó de la casa que hay para cumplir los nueve días ya están reclamando su herencia de dicho hogar.

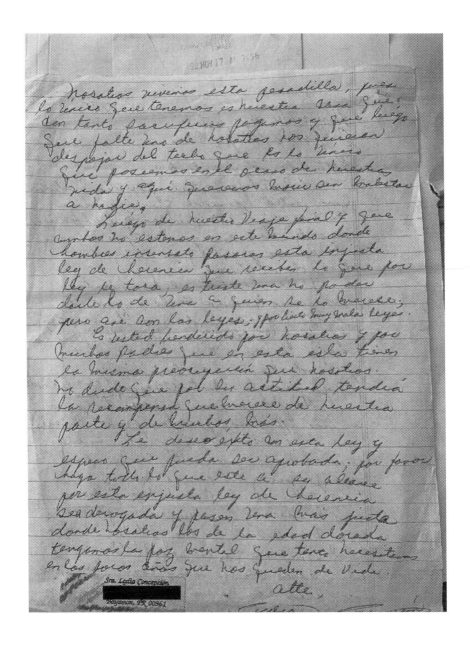

nosotros vivimos esta pesadilla, pues lo único que tenemos es nuestra casa que con tanto sacrificio pagamos y que luego que falte uno de nosotros nos quieran despojar del techo que es lo único que poseemos en el ocaso de nuestra vida y aquí queremos morir sin molestar a nadie.

Luego de nuestro viaje final y que ambos no estemos en este mundo donde hombres inservibles pasaron esta injusta ley de herencia que reciben lo que por ley les toca, es triste una no poder donde lo de una a quien se lo merece; pero así son las leyes; y por cierto muy mala ley.

Es usted perseguido por Rosalía y por muchas madres que en esta isla tienen la misma preocupación que nosotros. No dude que por su actitud tendrá la recompensa que merece de nuestra parte y de muchos, más.

Le deseo éxito en esta ley y espero que pueda ser aprobada; por favor haga todo lo que esté a su alcance por esta injusta ley de herencia sea derogada y pueda ser más justa donde Rosalía los de la edad dorada tengamos la paz mental que tanto necesitamos en los pocos años que nos queden de vida.

atte,

Sra. Lydia Concepción
Bayamón, PR 00961

250

Jaime A. Toro
Ex Oficial de Pre Intervenciones de
Documentos Fiscales del
Municipio de Dorado

2013

Recuerdo muy bien, que para el año 1973 yo cursaba el octavo grado, en la escuela intermedia Ricardo Arroyo Laracuente, de mi querido pueblo de Dorado cuando la maestra de ciencias, la señora Camacho nos presentó al maestro de música, Alí Rivera Vargas, quién se dirigió a todos los estudiantes de nuestro salón, en representación del nuevo y joven alcalde electo de nuestro pueblo, Alfonso López Chaar (Papiño), con la finalidad de darnos una demostración de los planes del alcalde para crear un programa de música en la Administración Municipal, que comenzaría con una organización de solamente instrumentos de cuerdas, que se llamaría la Rondallla Municipal de Dorado.

La presentación que nos hizo el maestro de música con integrantes de una Rondalla que ya él tenía formada en el distrito escolar de Toa Baja, nos impactó a todos, y levantó en los estudiantes la curiosidad y el deseo de participar de ésta innovadora idea. Por tanto, la Administración Municipal continuó llevando a cabo la misma presentación por las distintas escuelas del distrito escolar de Dorado, lo cual le produjo como frutos una exitosa matrícula de estudiantes para que tan hermoso proyecto pudiese dar comienzo.

Las clases de música comenzaron con la enseñanza de teoría y solfeo para que aprendiéramos a leer las notas musicales, y a conocer lo que significaba en la música el tiempo, ritmo y sonido. Cada día que acudíamos a clases en horas de la tarde, en el Segundo piso de la Casa Alcaldía, específicamente en el Salón de Audiencias de la Asamblea, mayor interés crecía en el estudiantado, y mayor aún el entusiasmo de Papiño en el apoyo de su nuevo proyecto para los niños de su pueblo. Meses más tarde, el alcalde nos compró de los fondos municipales los instrumentos que eran necesarios para el tipo de organización musical que se estaba creando, tales como: guitarras, mandolinas, el cuatro puertorriqueño, bandurrias, bajo, percusión, y la adquisición de un moderno sistema de consola, micrófonos y dos enormes torres con el fin de proporcionar la proyección del sonido de la nueva Rondalla.

Este programa de música iniciado por Papiño se caracterizaba por ser muy organizado y dirigido. Se les proveía transportación municipal a los estudiantes para regresarlos a sus hogares en las distintas comunidades rurales, luego de finalizado las clases y ensayos. Y el mismo Papiño, independientemente de sus múltiples compromisos ejercía mucha supervisión directa al programa. Por otro lado, se nos proveyó de uniformes, y se diseñó y se construyó una tarima especial desmontable para las presentaciones de la Rondalla.

La inauguración de la Nueva Rondalla Municipal de Dorado, compuesta de sobre sesenta estudiantes que proveníamos tanto de la zona del pueblo como de los distintos barrios fue un evento hermoso, maravilloso e inolvidable, celebrado en la cancha bajo techo que se localizaba al lado de la escuela elemental Jacinto López Martínez. La iniciativa del joven alcalde doradeño, logró crear una organización musical integrando a los niños de todas las áreas de su pueblo en un propósito común. En un ambiente sano, y de descubrimiento y desarrollo de nuestros talentos y habilidades. En la Rondalla Municipal, no solo aprendimos de música, sino que también aprendimos a reconocer y valorar unos principios básicos importantísimos para nuestra formación como hombres y mujeres de bien para nuestra sociedad. Estos son: el sentido de responsabilidad, el ser disciplinado, el compañerismo, el servicio, el saber seguir instrucciones, el trabajar en equipo y el liderato.

Definitivamente, para todos los que formamos parte de la Rondalla Municipal de Dorado fue una experiencia extraordinaria para nuestras vidas. Tuvimos la oportunidad de hacer presentaciones en todos los barrios de nuestro pueblo, en escuelas, canchas, y centros comunales. Y la oportunidad de hacer presentaciones en múltiples pueblos y ciudades de nuestro hermoso país de Puerto Rico. Hicimos presentaciones en hoteles, universidades, e inclusive, en la propia Fortaleza en actividades del Gobernador. Y en muchas de éstas actividades, el joven alcalde, Alfonso López Chaar, nos acompañaba con mucho orgullo, y hasta en muchas ocasiones agarraba el güiro para tocarlo haciéndose parte integral con nosotros, y reflejando con su peculiar sonrisa la alegría y el carisma que le caracterizaba como un ser humano muy especial que amaba a su pueblo, a su gente y vivía lo que hacía a plenitud.

Luego, un par de años más tarde, Papiño obtuvo los fondos necesarios y creó dentro del mismo programa de música una "Banda Municipal", compuesta de instrumentos de metal, viento y percusión. Papiño, continuó con el mismo patrón de funcionamiento de la Rondalla en la nueva Banda, y le dio la oportunidad a una enorme cantidad de niños y jóvenes a formar parte de la misma.

Pues, los jóvenes de los años 70 y 80 vimos como Papiño transformó a Dorado. El progreso en la obra pública, las artes, los deportes, la cultura, y el orgullo por la limpieza y el ornato de nuestro pueblo nos hizo crear una mentalidad diferente y educada en esta área tan importante. Dorado comenzó a ser noticia positiva en los medios de comunicación gracias a una obra social integral que se proyectaba fuera de nuestros límites territoriales, como así también, por las habilidades muy naturales de Papiño en el arte de las Relaciones Públicas y las Comunicaciones. Su liderato y dinamismo en la dirección del pueblo de las arenas doradas era sumamente admirado por todos, tanto dentro como fuera de Puerto Rico.

Al finalizar mis estudios universitarios en mayo de 1981, no sé cómo Papiño se enteró de que yo había terminado los estudios, y estaba buscando trabajo, simplemente, una tarde fue a mi casa enviado por requerimiento de él, un guardián municipal el cual cariñosamente se le conocía en Dorado, como Mambé, un típico personaje del barrio Espinosa. Y el mensaje del amigo Mambé de parte de Papiño fue, a "Jimmy que vaya a ver a Papiño mañana, quiere hablar con él".

Siguiendo esas instrucciones fui a ver al alcalde. Para mi sorpresa, ya Papiño sabía que yo había finalizado mis estudios de bachillerato y lo que estudié. Me ofreció trabajo en el Departamento de Finanzas como Auxiliar de Contabilidad, lo cual acepté. Y de ésta forma, comenzó mi carrera en el servicio público. Gracias le doy a Dios, que puso a una persona como Papiño en mi camino para darme la oportunidad de ser un Servidor Público en mi pueblo y mi patria. Y, que sobre todo aprendí de él, a amar lo que hacía y a mi pueblo. Fueron unos años de trabajo con Papiño muy intensos, ya que su liderato y energías demandaba mucho, pero fué una experiencia enriquecedora que me ayudó a formarme como un Servidor Público honesto y comprometido porque ello fué lo que aprendí de su imagen, sus enseñanzas y anécdotas.

Dr. Rigoberto Carrión Morales
Apóstol De La Buena Semilla
Orlando, Florida

Febrero 12, 2013

Comencé a dirigir el grupo Viva La Gente a la edad de 13 años siendo apenas un adolescente en Dorado, Puerto Rico. El grupo fue creciendo y se convirtió en un movimiento donde muchos jóvenes de diferentes edades y diferentes grupos sociales nos juntamos y formamos un poderoso movimiento juvenil para los años 1969 al 1970. Así el grupo, con una filosofía distinta que proclamaba la unidad de todo a través de un 'rearme moral' sin distinción de raza, de clases, ni de credos, logró reunir en nuestro grupo a más de 300 jóvenes de aquellos años.

Fue así que Papiño, el entonces gerente del Banco Popular de Puerto Rico del pueblo de Dorado, nos comenzó ayudar. Como gerente del banco nos ofreció un préstamo para la compra de los equipos musicales, así como micrófonos y bocinas para nuestras presentaciones. De ahí se quedó como un tipo de padrino del grupo. El grupo siguió cantando a través de toda la isla, así como en hoteles en Dorado y en el área metro, con un éxito tremendo. En varias ocasiones Papiño nos acompañaba a las presentaciones o se presentaba al final de la misma como parte de su apoyo."

En el comienzo de los 70 Alfonso López Chaar, (Papiño), se postula en las primarias del Partido Popular Democrático para la Alcaldía de Dorado. En ese tiempo me pidió que lo ayudara en su campaña primarista. Como líder del grupo Viva La Gente de Dorado, no podía envolverme o identificarme con ninguna insignia política, ya que sería contraproducente para el grupo.

Entonces creamos la J.U.P.A. (juventud unida Papiño alcalde), sin respaldar partido alguno sino a Papiño como una alternativa para nuestro pueblo y para la juventud. En esas elecciones se había aprobado por primera vez el voto a los 18 años y por esa razón quien tuviera los jóvenes, aseguraría la victoria.

Así se convirtió Papiño en el alcalde más joven de Dorado y en uno de los más jóvenes de toda la isla. En su primer año como Alcalde el grupo llega a impactar al comité de la Parada Puertorriqueña de Nueva

York de visita en la isla e invitada por Papiño a la Alcaldía donde el grupo presento sus canciones. En ese mismo año viajamos a la Ciudad de los Rascacielos donde nos presentamos en el desfile por la Quinta Avenida y en la cena de gala de la Parada Puertorriqueña. Esa noche nos tocó cantar en el fascinante Waldorf Astoria, un hotel donde solo grandes celebridades de la música mundial se habían presentado.

Eso hizo que muchos de los medios de comunicación nos presentaran y al otro día en la Parada Puertorriqueña, vinimos a ser una de las atracciones más vistas y aplaudida de la misma.

¡Las cosas todas tienen un por qué! Cuando aquel día fui a reunirme con Alfonzo López (Papiño), ninguno de los dos pensó a donde nos llevaría esta simple reunión. Primero, a llevar a este grupo musical a otro nivel, gracias a aquel pequeño pero importante préstamo para nuestros equipos de música. Segundo, a unirnos en promover a unos de los mejores alcaldes que ha tenido Puerto Rico, quien vino hacer un modelo en casi todas las alcaldías de la isla llegando a obtener el nombre del "Súper Alcalde", para unos un chiste, pero para la mayoría de los puertorriqueños una verdad que no tiene comparación.

Hoy a mis 61 años como Apóstol de Jesucristo, puedo decir que agradezco a Dios el haberme hecho parte de la historia de un hombre que cambió dramáticamente, no sólo a un pueblo, sino de uno que marcó la forma de administrar con un talento diferente y que por esa razón llego a convertir aquel pequeño pueblito de Dorado en la gran ciudad que es hoy en día.

Aunque pasen mil alcaldes por Dorado o por cualquier otro pueblo de la isla, la historia siempre apuntará a aquel carismático y curioso joven de entonces. Quien agradeció tanto la confianza que le otorgó su pueblo, que decidió dejar marcada la manera única de alguien llamado Papiño, y quien dejó el gran legado de lo que hoy podemos llamar, un alcalde para todos. No solo para todos los doradeños, sino para todos los puertorriqueños.

Gracias Dios, gracias Dorado, gracias Papiño.

La Honra del Servicio Público

Por Alfonso López Chaar
23 de julio de 2012

*Borrador de columna que fue eventualmente publicada en
el periódico El Nuevo Día el 18 de septiembre de 2012)*

Érase una vez...y dos son tres...como dice el muy conocido dicho, cuando el servicio público era y se percibía como una profesión de honra. Un tiempo cuando ser empleado público era de los trabajos más anhelados y respetados en nuestro sistema de gobierno. Era un tiempo cuando servir requería vocación.

La lista de requisitos para los candidatos a posiciones públicas, en adición a la educación y experiencia, incluía: amor por la patria y al prójimo, sacrificio, dedicación, entrega, respeto y compromiso con la gente, quienes en última instancia son los que suplen, tanto para costear los salarios de aquellos que sirven como para hacer las obras a realizarse en beneficio de todos. Eran aquellos días cuando en base a estos requisitos principalmente se evaluaba y reconocía la productividad y desempeño del empleado público. Así era entonces; y como comúnmente decimos aquellos que hemos vivido más años de los que a veces admitimos: *Todo tiempo pasado fue mejor.*

Ahora, las cosas se manejan de otra forma, completamente diferente. Ahora, mérito se relaciona con activismo político y con cuánto dinero colectan en las agencias, ya sean individuos o grupos organizados en las dependencias gubernamentales en que trabajan. Mientras más dinero recauden y demuestren mayor capacidad de movilización y convocatoria, más oportunidades tienen de ascender. Y según ascienden, más grande el reto de aumentar lo que recogen en donaciones para las campañas políticas, entendiendo que, de una forma u otra, influenciarán a aquellos con poder de decidir sobre sus puestos, ascensos, salarios y beneficios. Es el cuento de nunca acabar. Y mientras tanto, los más capacitados, competentes y con corazón de auténtico servidor público quedan estancados y rezagados; consolados solamente en la motivación de 30 días de vacaciones al año, días feriados y anhelando que se cumpla el tiempo mínimo para su retiro.

Así, ha ido quedando desmoralizado el aparato patronal gubernamental, cuya razón de ser es servir a la ciudadanía; no servirse. Un sistema que pareciera haber perdido su identidad y cuyo objetivo ya no es el bienestar del pueblo sino la próxima campaña política, ya sea elección general o cualquier otro de los constantes procesos eleccionarios que tienen lugar en la Isla o en Estados Unidos, como lo es el caso de las campañas primaristas para Presidente, cuando entonces los candidatos a la Casa Blanca encuentran ocasión para visitar la isla en persona.

(Aunque ya ese es tema para otra columna).

Este no es un asunto nuevo. De hecho, esta columna bien podría ser un seguimiento al artículo escrito por Mildred Rivera Marrero, titulado *El inmenso poder de los recaudadores políticos. A veces deciden hasta quién es el jefe de la agencia*, publicado en este rotativo el 28 de abril de 2012. El problema de la recolección de fondos con fines políticos en las agencias de gobierno está fuera de control. Mírese como se mire, no es otra cosa que un esquema de beneficio dual en el que un empleado público se compromete a recoger determinada cantidad de dinero para las arcas de una campaña política y en cambio recibe pasos por "mérito", ascensos y otros beneficios en su cargo público. La otra parte, el(la) destinatario(a) de la contribución, engorda su presupuesto para costear las millonarias campanas eleccionarias.

Será subterránea, pero es corrupción, y lo es en grande. ¿De qué otra forma se le podría llamar? Los partidos políticos y sus líderes, lo saben y se hacen de la vista larga. Son cómplices o mejor dicho, son propulsores de esos turbios esquemas que generan el mensaje equivocado entre la empleomanía del gobierno.

En las juntas de las corporaciones públicas, los miembros están nombrados con vencimiento escalonado con el propósito de darle continuidad a los trabajos que realiza la corporación. Sin embargo, se han dado casos en que solicitan la renuncia de los miembros para así nombrar correligionarios afiliados a la ideología política que esté de turno en el gobierno, a la vez que controlan totalmente las operaciones de dicha corporación. ¡Ni el Tribunal Supremo se salvó! Tampoco la Policía ni los Bomberos.

Hay que eliminar el activismo político rampante en las agencias, municipios y otras dependencias públicas. Así, y sólo así, florecerá una cosecha de buenos servidores públicos comprometidos a trabajar por el pueblo, independientemente de su afiliación política, y que sean reconocidos justamente, conforme a sus capacidades y talentos. Empleados que puedan desarrollar sentido de pertenencia colectiva por el gobierno y también orgullo por lo que hacen sin que vivan a la sombra de los oportunistas politiqueros a quienes irónicamente tienen que llamar "compañeros" de trabajo. Se daría así paso a un equipo que refleje el sentido de excelencia que identifica el carácter del trabajador puertorriqueño. Un gobierno que proactivamente facilite la retención de profesionales competentes, quienes lamentablemente hoy emigran en masa hacia los Estados Unidos y otros destinos buscando remuneración justa y beneficios equitativos con su preparación, experiencia y oportunidades de mejor calidad de vida para levantar a sus familias. Esto, también ha sido reportado ampliamente por El Nuevo Día.

En estos días en que se celebra el servicio público, debemos preguntarnos por qué no se comprometen los partidos políticos a acabar con esta fuente de base chantajista de recolección de fondos en las agencias. Es una forma abierta y corrupta de manipulación y abuso de poder, pero ¿Quién le pone el cascabel al gato?

No olvidemos que el gobierno no es ni de quien esté gobernando ni del partido político que represente. Su propósito no es servirse sino servir; promover el bienestar de todos, independientemente de raza, color, posición social, religión o afiliación política. El gobierno es nuestro, del pueblo; de la gente. Somos nosotros quienes cada cuarenta y ocho meses evaluamos a aquellos que escogemos para llevar a cabo la honrosa misión de servir bien a todo aquel que vive en este bendito suelo puertorriqueño.

4 island residents to receive EPA awards

Four persons or programs in Puerto Rico and two from the Virgin Islands will receive regional awards March 2 from the U.S. Environmental Protection Agency Region II, at ceremonies at regional offices in New York.

Special Awards of merit will be given to Mario Roche, director of Industrial Mission and his staff, "who have done much to create public awareness in Puerto Rico of the need to use natural resources wisely and to protect our delicate environment," the EPA said.

—Diego Suarez, chairman of Enceste Inc., is being cited for "his outstanding leadership and professional knowledge in the organization and implementation of a public education program to improve Puerto Rico's environment."

Certificates of appreciation have been sent to:

—Alfononso López Chaar, mayor of Dorado, "for his leadership and professional knowledge in the planning and development of a solid waste management program" for Dorado.

—Programa Ecotactica of the Natural Resources Department, "for its work in developing green areas and parks for use by communities through their involvement in the renewal and building of abandoned parks and vacant lots."

—Scientists Walter Adey and John Ogden of the West Indies Lab, Fairleigh Dickinson University in St. Croix, "for fostering environmental awareness and the preservation of the natural resources in St. Croix."

Dorado anuncia construcción nuevo centro de salud

El alcalde de Dorado, Alfonso López Chaar informó la firma de los planes para la construcción de un nuevo centro de salud en su Municipio. López Chaar dijo que el doctor Luis Izquierdo Mora autorizó la subasta del nuevo centro de salud por un valor que sobrepasa los $3 millones.

López Chaar

Esta nueva facilidad estará localizada en la carretera PR-698 de Dorado y la concepción de los planos se ha hecho tomando en cuenta los alcances del programa de planificación

Dorado 2,000.

Escuela Bellas Artes en Dorado

DORADO — El alcalde Alfonso López Chaar anunció la inauguración este sábado, 11 de octubre, a las 7:00 PM, de la Escuela de Bellas Artes y Sala de Exposiciones "Marcos Juan Alegria", en honor al gran pintor doradeño de este nombre. Se estará exhibiendo la obra pictórica de los pasados 40 años de este gran artista.

Los actos inaugurales tendrán lugar en el mismo edificio de la antigua Casa Parroquial o Emergencia, construida en el 1848, que servirá de sede a la Escuela de Bellas Artes. El alcalde doradeño dijo que funcionará como escuela-galería bajo un programa con clases de dibujo, pintura, escultura, talleres de serigrafía y diseño. Estos cursos los dirigirá el profesor Taly Rivera, quien será profesor residente permanente. El municipio planifica un programa de profesores residentes y en el futuro ofrecerá becas junto a otras entidades culturales y del sector privado para que los estudiantes prosigan estudios en la afamada escuela de diseño de Altos de Chavón en la República Dominicana y en la Escuela de Bellas Artes del Instituto de Cultura Puertorriqueña.

EL VOCERO, San Juan — Miércoles 8 de Octubre de 1986

3

EL VOCERO, San Juan. — Martes 3 de Marzo de 1987

Develan Busto Juan Boria

DORADO — Este municipio y la McNeil Pharmaceutical, celebraron el pasado 20 de febrero la develación del retrato escultórico del "Faraón del Verso Negro", don Juan Boria. La obra fue realizada por el escultor doradeño Salvador Rivera Cardona, a un costo de $5,000, donados por la Mc-Neil. La pieza estará localizada en el segundo vestíbulo del Teatro Juan Boria, junto a muchas otras muestras de aprecio que ha obtenido el declamador orgullo de Dorado. Aparecen (izq. a der.), Rivera Cardona, el alcalde Alfonso López Chaar y Juan Boria.

Diario Vivir

Viernes 6 Febrero 87

hoy comienza el Carnaval en Dorado

Hoy viernes, mañana y el domingo se estará celebrando en el pueblo de Dorado el 18to. Carnaval del Plata. Se iniciarán estas fiestas con la salida, hoy, a las 5:30 p.m., del Rey Momo, el cual será personificado por el actor y locutor Horacio Olivo. Le acompañará Jaime Toro, empleado del Municipio, quien este año fue escogido como Gran Mariscal de los eventos.

Los Vejigantes y Pleneros tendrán participación destacada y desfilarán junto al alcalde Alfonso López Chaar (Papiño) en estas carnestolendas que estarán dedicadas a los hermanos Orlando y José Lind, jugadores de béisbol que se distinguen en el béisbol profesional de la Isla.

Para completar el cuadro artístico, hoy también abrirá una Feria de Artesanías en la Plaza Pública.

Mañana sábado, a las 7:00 p.m., comenzará una actividad en la Plaza con actividades simultáneas en La Marina del Río La Plata.

El domingo, a las 10:00 a.m., el Alcalde recibirá en la Plaza Pública a las delegaciones de 22 pueblos de la Isla; a la 1:00 p.m. esas delegaciones se unirán al desfile general de fin de fiestas con sus máscaras, carrozas y reinas.

Vejigantes y Pleneros tendrán participación destacada en el Carnaval de Dorado.

EL VOCERO, San Juan — Lunes 2 de Junio de 1986

38

Cientos empleos para Dorado

DORADO — El alcalde de Dorado, Alfonso López Chaar, anunció desde Washington que durante los próximos cuatro meses comenzará la construcción en su municipio del primer edificio del proyecto Dorado Eastern Office Park. Este edificio, cuyo costo será de unos $12 millones, albergará la Escuela de Comunicaciones de la Compañía Telefónica de Puerto Rico y en su fase inicial generará unos cuatrocientos empleos directos e indirectos. Se espera, puntualizó López Chaar, que una vez en funciones, la referida Escuela de Comunicaciones genere un promedio de trescientos setenticinco (375) empleos anualmente, lo que inyectará una gran vitalidad a la economía doradeña.

El Alcalde se mostró optimista al señalar que "otras compañías y empresas vinculadas al mundo de las comunicaciones se instalarán en Dorado gracias a las modernas facilidades que se construirán en este municipio y a la proximidad de éste al Área Metropolitana de San Juan".

López Chaar, arquitecto del Plan Dorado 2,000, dijo que este tipo de empresa es la que conviene al desarrollo integral de su municipio contemplado en dicho plan y no aquellas que degradan el ambiente, por lo que mostró su profunda satisfacción con el proyecto de la Eastern. Dijo, a su vez, que la realización del referido proyecto era parte de las gestiones que ha realizado ante UDAG y se comprometió a seguir haciendo gestiones en distintas agencias federales y estatales en pro del mejoramiento y desarrollo de su pueblo.

El Coliseo Municipal, situado en la calle Méndez Vigo, final, está ya en su etapa final de construcción. Esperamos poder inaugurarlo antes de finales de año.

Hasta la fecha, el Municipio de Dorado ha invertido $1,264,397.17 en la construcción de este complejo deportivo, esperándose que su costo final esté en los alrededores de $1.5 millones.

El Coliseo tendrá diversos usos, como sede de los más variados deportes, así como actividades culturales y recreativas.

También será escenario para espectáculos artísticos y musicales, así como exposiciones comerciales e industriales.

Igualmente podrá ser utilizado para actos públicos, previa autorización de la alcaldía, según el reglamento que para tales fines apruebe la Asamblea Municipal.

La primera subasta se otorgó el 20 de mayo de 1982. La firma Sanro Construction tiene a su cargo el trabajo de construcción.

El amplio estacionamiento, con capacidad máxima de 200 vehículos, también servirá como cancha de baloncesto, de tennis y de volibol cuando no esté siendo utilizado como área de estacionamiento.

El Coliseo tendrá una capacidad para público sentado de 3,000 asientos. La construcción consta de 20,000 pies cuadrados, enclavada en un solar de 6 cuerdas.

Dedican Pequeñas Ligas de Dorado al Hotel Hyatt Regency

DORADO — Los actos inaugurales del 13er. Torneo Anual de Pequeñas Ligas Municipales de Dorado fueron dedicadas al Hotel Hyatt Regency, considerado aliado valioso del pueblo en todas sus actividades. El alcalde de Dorado, Alfonso López Chaar, a la derecha, hizo entrega de una placa de reconocimiento, que recibe Víctor López, gerente general del Hotel Hyatt Regency. (Photo News Service-Lou Alers).

Vocero — 2/19/86

Nov 03 12 05:07p   Papiño   787-860-2990   p.1

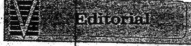

Editorial

Encomiable Gesto de Dorado

Durante 10 años consecutivos el pueblo de Dorado ha sido galardonado como la ciudad más limpia del país, reconocimiento merecidísimo no únicamente para la Administración Municipal que encabeza el alcalde Alfonso López Chaar sino para los residentes del pueblo que son, de hecho, los verdaderos responsables de mantener en impecable estado de limpieza su municipio.

Una situación curiosa y digna de especial mención acaba de producirse cuando la Junta de Calidad Ambiental ha aceptado la propuesta del alcalde López Chaar para que Dorado sea excluido de las premiaciones como ciudad más limpia.

Considera el Alcalde que sería beneficioso salirse de la competencia para proveer incentivo a otros municipios para que opten por el premio. Es también intención del Municipio de Dorado instituir el premio 'Copa Dorada' que será donado por los doradeños al pueblo que resulte triunfador este año en la competencia por ser seleccionado la ciudad más limpia.

Consideramos que por más que se quiera tapar el cielo con la mano, —como reza el refrán popular— son muchos los pueblos de Puerto Rico donde no ha prendido aún el ejemplo de Dorado para mantener sus predios dentro de las más elementales condiciones de limpieza. Para lograr esto se precisa de una campaña constante entre las organizaciones cívicas municipales y las comunidades en general, que permitan concientizar al ciudadano de los efectos benéficos que representa para la estética y la salud el mantener el pueblo en óptimas condiciones de limpieza.

El gesto de Dorado —que aplaudimos calurosamente— se enaltece aún más con el anuncio del alcalde López Chaar de que su pueblo, aún cuando no esté compitiendo para premios, no cederá en sus esfuerzos permanentes por mantener a Dorado limpio.

El Fotógrafo Preguntón
Por Rubén Darío Rodríguez

(Área de Juncos)
¿Cuál es su opinión sobre los asaltos a Bancos?

ANGEL D. RODRIGUEZ (dependiente)— Creo que esta ola de atracos a las instituciones bancarias, principalmente obedecen al alto desempleo que sufre nuestro pueblo y el crónico vicio a las drogas de nuestros jóvenes. También creo que estos actos son altamente planificados por profesionales en la materia.

OLGA I. VEVE BURGOS (ama de casa)— Estimo que el factor principal para la ola de asaltos a bancos, se deba a la falta de trabajo especialmente entre nuestra juventud. Al estar ociosos cualquiera les puede lavar el cerebro e inducirlos a cometer éstas y otras fechorías. La otra razón es el vicio.

JOSE REYES RIVERA (comerciante)— Debo señalar que aquí como en otros golpes a empresas que bregan con dinero, puede haber una que otra combinación desde adentro para facilitar llevar a cabo tanto atraco sin que las autoridades puedan echarle mano a los cabecillas de las fechorías.

ISABEL BELGADO (ama de casa)— Como en otra clase de delitos en los asaltos a los bancos de

Invitamos a nuestros boraciones entre s DEL PUEBLO. Pued Apartado 3831, Viejo

Faro
A Gregorio Torres Lu ción con el Faro de los

Atendiendo su preoc de acceso al Faro de Mori en el diario EL VOCERO do con el Departamento se me informe cuál es la si

En cuanto al tramo de si, el mismo ha sido cerr de seguridad pública. La ciones y es un riesgo para el faro. El tramo que deb sus vehículos es bien cort ponibles el Departament con la situación.

En cuanto a la playa abierta al público y que h

Agradezco como sien Rojo y Boquerón su preo problemas que le aquejan ción rápida.

Ledo. Antonio J. Fas A

264

EL EXPRESO / DEL 1 AL 15 DE FEBRERO DE 1986 **31**

Deportes

Inauguran Pequeñas Ligas de Dorado

DORADO — El Municipio de Dorado pone en marcha su Décimo Tercer Torneo anual de Pequeñas Ligas el día 15 de febrero de 1986 en el parque atlético urbano. Veintiocho equipos de distintas edades desde los cuatro años en adelante se estarán disputando el título de campeones en seis categorías. Este torneo de 1986 está dedicado a la gerencia de la cadena hotelera Hyatt quienes operan los hoteles Dorado Beach y Cerromar. Estas dos hospederías auspician gran cantidad de equipo de las Pequeñas Ligas de Dorado donándole sus uniformes.

La misma noche del sábado se estará inaugurando el alumbrado público del parque de la comunidad Maysonet con un juego de Pequeñas Ligas entre el equipo de Maysonet y Los Puertos en la categoría de 4 a 6 años. Con el alumbrado del parque de Maysonet se completa el sistema de alumbrado en todos los parques de Dorado. Informó el alcalde López Chaar que en los próximos días se estará cambiando el sistema de alumbrado de todos los parques por uno de los más modernos del mercado.

El Alcalde López Chaar saluda a un grupo de peloteritos que participarán en el torneo.

TUESDAY, JANUARY 24, 1984   THE CHRISTIAN SCIENCE MONITOR   **19**

ARTS & LEISURE

PUERTO RICO'S DORADO/19   CANTERBURY/19   TV DRAMAS/21   'HAMLET'/22

In Dorado, you just have to drop by to meet the mayor

By David Butwin
Special to The Christian Science Monitor

Dorado, Puerto Rico

It is like a dozen other country towns scattered across the green expanse of Puerto Rico, and yet in at least two ways Dorado is different. For one thing there are the murals, and for another there is the energetic and accessible mayor, Alfonso López Chaar. Together they tell a story.

Mr. López Chaar, whom everyone calls Papiño, is indeed so energetic I barely caught up with him on a visit to Dorado and environs, 20 miles west of San Juan on Puerto Rico's north coast. The murals I could not help catching up with, for they beckoned loudly and colorfully from the roadside on my first pass through town en route from the airport to the coastal resort of Dorado Beach, which on that weekend in December was celebrating its 25th anniversary.

TRAVEL When I awoke the next morning to the uncertain....

Mayor López (Papiño) Chaar, with local children, in front one of Dorado's murals

said as we moved from one gallery to the next. "The mayor comes here often and sometimes I have to chase him out so we can get to work. He even joins us on the streets to paint the murals."

Suddenly I remembered my appointment at the mayor's office, but a phone call determined that he was out. "He's probably on the street," Rivera Garcia said. "Papiño mingles with the people who don't even know his real name; they always use his nickname."

When I finally caught up with the mayor it was at an outdoor gala celebrating the 25th anniversary of the Dorado Beach Hotel: 1,000 people, mostly Puerto Ricans, making the rounds of an endless buffet under the stars. Papiño is mustached, handsome, and ready to smile. Of the recent campaign to paint murals in the barrios, he said to me: "When you put art in a museum you lose out. A museum is one place for one class of people." As for his easy accessibility to his constituency, he said: "I receive people in my office on Monday and Wednes...

Leadership out there

There seems to be a grass-root movement developing out on the island which may not be discernible to the metropolitan sufferers. With the ascension of former Dorado mayor Alfonso López Chaar, PDP, to the House of Representatives, the island mayors who are in prime contact with the tax-paying masses maybe creating a new power base that could seriously change island politics in the near future.

López Chaar has wasted no time in establishing himself as a free thinker who is not afraid to voice his opinion even when it disagrees with the party bosses. He questions why the government, which is always broke, always want to raise taxes to meet operational needs when there are so many uncollected taxes due the treasury. By making Treasury more efficient and competent, millions of dollars in uncollected taxes could be secured. This, of course, is political hearsey and López Chaar will be made to pay for it unless he gets the support of the Mayors Association.

Out on the eastern section of the island several mayors, who inherited substantial deficits from previous administrations, seem to be performing admirably against outstanding odds by taking the people into their confidence and getting cooperation in return. To name just a few examples: Ramón Vega Sosa, of Humacao; Angel R. Peña of Las Piedras; José A. Meléndez of Naguabo; Gilberto Camacho Parrilla of Ceiba. All show leadership qualities which should be made available to all of Puerto Rico — just like López Chaar. We need new blood, new faces, new ideas, new leaders to replace the tired, worn and burnt-out incumbents from both parties who came to power in 1968 and brought this current atmosphere of misery with them. Let's encourage this new group of political leaders to speak out freely, fight for their convictions and aspire to positions both in the House and Senate.

Perhaps they can reverse A. Pope's epistle: "Blessed are those who expect nothing, for they shall never be disappointed."

E. Fernando Brady
Humacao

26

Jueves 12 de junio de 1986

López Chaar anuncia

Programa para mejorar escolaridad

DORADO—El alcalde de Dorado, Alfonso López Chaar, anunció recientemente que el jueves 19 de junio su administración municipal, en coordinación con el Colegio de Tecnología de Bayamón, ofrecerá una orientación en la Casa Alcaldía de Dorado, a las 7:30 de la noche, para todas aquellas personas que deseen completar su cuarto año de escuela superior y/o continuar estudios en los campos de la tecnología y el comercio.

Aseguró López Chaar que la orientación es parte de un programa de su administración para mejorar el promedio de escolaridad de los residentes de Dorado y encaminar a los interesados hacia oficios y profesiones que tengan demanda en el mundo del empleo. Entre las carreras que ofrece el referido colegio y que el alcalde doradeño describió como "cortas y productivas" se destacan tecnología electrónica, programación de com-

López Chaar

putadoras, tecnología en ingeniería electrónica, secretarial bilingüe, "Word processing" y taquigrafía de récord.

López Chaar fue enfático al señalar con evidente satisfacción que "la educación de la ciudadanía ha sido siempre, prioridad para mi administración ya que la mejor forma de combatir la delincuencia y el desempleo es encausar la juventud hacia el camino del estudio, la superación y el trabajo". "Este" concluyó el diligente alcalde doradeño, "es el camino del crecimiento y la dignidad".

EDITOR'S DESK   STAR Editor   *By ANDREW VIGLUCCI*

No threat to anyone

What was Gov. Hernández Colón doing last week when he named Sila Calderón to be the new secretary of state? For the first time in history, a woman was being put a so-called heartbeat away from the governorship of Puerto Rico.

In a sense, this was a historic abberation. God forbid that anything would happen to Rafael Hernández Colón of a nature so serious, incapacitation or death, that it would be necessary to invoke the constitutional order of succession to replace him as governor.

But if it did, Sila Calderón would become Puerto Rico's first female governor. (After she is confirmed as secretary of state by both the Senate and House, of course.)

Putting a woman in La Fortaleza is the kind of historic happening that should usually be decided by the electorate. It involves an evolutionary process whereby a people inches closer to the idea and then makes up its mind to add a new page to its history.

Politics in Puerto Rico has been so male dominated that electing a female governor has not yet been seriously considered. And if there is one woman who has been mentioned as a potential future governor, it has not been Sila Calderón, but Victoria Muñoz Mendoza, the daughter of Luís Muñoz Marín.

Did any of this weigh on Hernández Colón as he arrived at the decision to name Calderón?

Very likely all of it because Hernández Colón is a meticulous analyst who turns an issue on all angles.

But were any of them major considerations?

Very likely not.

Hernández Colón has needed a secretary of state since January when Héctor Luís Acevedo resigned to campaign for mayor of San Juan. Former Dorado Mayor Alfonso López Chaar was tapped by the governor to fill in at State, but only on a temporary basis.

This was after Hernández Colón looked around and either could find nobody to fill the position to his satisfaction, or could not convince anybody he liked to take the post.

López Chaar would seem to have been ideal for the post. He has proven organizational abilities and has shown the leadership to have brought to the small town of Dorado an islandwide reputation as an outstandingly clean, orderly and pretty city.

He, himself, is an attractive public figure.

So, why not López Chaar for the position permanently?

For the same reasons just stated.

He would be too attractive a political figure, and if some tragedy were to cause a vacancy in the governorship, López Chaar could cut a formidable figure as governor until the next election.

I am not certain how Hernández Colón felt about that; if he ever tried to convince López Chaar to take the secretary of state job permanently.

But I am reasonably sure that neither Senate President Miguel Hernández Agosto nor House Speaker José R. Jarabo would go for it. And the secretary of state requires the confirmation of both House and Senate.

In any scenario that would remove Hernández Colón from the political scene, both Hernández Agosto and Jarabo would move for the top.

Sila Calderón presents no such threat.

She is not political in the electoral sense. She, I am told, does not have elective ambitions. She likes power, but in the bureaucratic mode; and she is very good there.

If the unmentionable and the unwanted were to happen, it is almost certain that Sila Calderón would serve out the rest of the gubernatorial term and then not run for election.

Alfonso López Chaar, who has stayed in the Hernández Colón camp through the thin days as well as the thick, who championed Hernández Colón when he took a leave of absence from the Popular Democratic Party, and fought for him when Hernández Colón returned to reclaim the presidency of the PDP from Hernández Agosto, probably could not have been confirmed as secretary of state without bitter intraparty fighting.

Sila Calderón will sail through with only minority party quibbling.

Hernández Colón, in truth, will have a secretary of state he can trust implicitly, who is a top flight organizer, who will continue to run the Fortaleza staff.

And who is no political threat to anybody in the PDP hierarchy.

"Papiño" llenó de obras a Dorado

Por: Héctor Díaz

Así lo conoce su añorado pueblo de Dorado. Un forjador, un hombre que se dio a su gente. Un alcalde que miró florecer el alma de su pueblo y quien se ganó el cariño de todos. Su integridad y rectitud fueron siempre su norte y el compromiso genuino lo hacen ser un ícono de la historia de este pueblo.

Ante los numerosos datos de este servidor público y de su larga trayectoria hemos decidido realizar una serie de reportajes de este emblemático servidor público, que entre sus logros está haber sido Secretario de Estado bajo la tutela de Rafael Hernández Colón.

Para beneficio de la generación más joven que no conoció de la trayectoria de este singular ser humano, deseamos que conozcan el forjador de las obras que hoy día disfrutamos. Memorables logros que han sido arrebatados por la actual administración y que sólo se ha adueñado de los logros de éste, su antecesor.

La actual administración ha quitado las placas de todos los proyectos realizados por Papiño, faltando el respeto a la historia de un pueblo. También hace alardes de unos logros que no le corresponden, dado que el forjador y creador de la obra es el merecedor de su autoría y no aquél que sólo le ha dado mantenimiento.

Algunas Obras del Alcalde
Alfonso López Chaar "Papiño"
- Centro Comunales
- Canchas de Baloncesto
- Parques de pelota en todos los barrios
- Organización de pequeñas ligas a todos los niveles
- Organización de Rondalla y Banda Municipal
- Rehabilitación de viviendas a personas de bajos recursos, más de mil
- Clases de dibujo y pintura en todas las comunidades
- Calles, luz y agua a las invasiones existentes en aquellos años
- Clase de repostería, costura, cerámica, entre otras en todas las comunidades
- Servicios de salud de primera
- Casa de Rey
- Teatro Juan Boria
- Terminales de carros este y oeste
- Reconstrucción plaza pública
- Escuela de artes plásticas Marcos Alegría
- Unidad Médico Móvil a todos los barrios
- Reparto de Parcelas más de 800 solares
- Actividades Culturales, CARNAVAL, Fiestas de la Cruz
- Garajes para los vehículos municipales
- Ciudad Más Limpia
- Construcción Centro de Gobierno
- Primera piedra para la construcción de Centro Diagnóstico y Tratamiento
- Plaza de los Ilustres
- Coliseo Municipal
- Servicio de enfermería a Domicilio
- Villa de los pescadores

"NO HAY NADA QUE ME HAYA DADO TANTO PLACER COMO EL SERVIRLE A MI PUEBLO"

Papiño junto a Jane Stern en los inicios de la biblioteca.

tOOo ═══════ Jueves 16 de enero de 1986 ═══════ 7

López Chaar anuncia

Nuevo plan "Dorado 2,000"

DORADO— El alcalde de Dorado, Alfonso López Chaar, presentó para la consideración del público, el plan de desarrollo municipal conocido como Dorado 2,000. Este, según explicó López Chaar, consiste en el desarrollo o implantación de estrategias de naturaleza urbana, social y económica en el orden municipal. Para que este programa sea efectivo se requiere la participación con ideas y sugerencias de los diversos sectores de opinión pública, aún cuando sus posiciones sean contrarias al plan, manifestó el alcalde de Dorado.

Dijo López Chaar que para dar sentido y dirección al plan de desarrollo de su municipio, ha creado una oficina de planificación y presupuesto y se ha contratado dos firmas de consultores especializados en desarrollo económico y desarrollo físico especial. Los consultores darán énfasis al aprovechamiento de zonas inundables, utilización del Río La Plata, revitalización del centro urbano tradicional y maximización de servicios y facilidades existentes.

Finalizó el alcalde de Dorado diciendo que su plan Dorado 2,000 será la guía a seguir para el desarrollo tanto futuro como inmediato de su pueblo, y que al mismo cuenta con el endoso de la Junta de Planificación, Departamento de Transportación y Obras Públicas y Turismo.

enero 1988

Promete toda su ayuda al pueblo de Dorado

19-C

JORGE ORAMA EXCLUSA
EL REPORTERO

DORADO - El gobernador Rafael Hernández Colón reveló ayer durante los actos de Toma de Posesión del alcalde Alfonso López Chaar, que una de las primeras personas que reclutó para su equipo de trabajo fue a "Papiño, pero que por su lealtad y compromiso con Dorado no aceptó".

El Primer Ejecutivo fue el orador principal en los actos celebrados en el Teatro Juan Boria de ese municipio, Hernández Colón llegó acompañado por su esposa Lila Mayoral y la mascota de su hija Dora Mercedes, la perrita Kin.

Ante unas 250 personas, Hernández Colón dijo que al comienzo del proceso de selección de personal para dirigir las principales agencias gubernamentales, reclutó a López Chaar "para que le sirviera como él sabe a todo el pueblo de Puerto Rico".

Aunque el Gobernador no quiso indicar cuál fue la dependencia que le ofreció al Alcalde, dijo que López Chaar "con dolor declinó el reclamo que yo le hice para servirle a todo Puerto Rico".

"Esa decisión de él de mantenerse en su pueblo trabajando es la mejor evidencia de que esa confianza que su pueblo depositó en él, estaba bien depositada", dijo el Primer Ejecutivo a la concurrencia.

Hernández Colón, respondiendo al reclamo que le hizo el Alcalde en su cuarto discurso inaugural, se comprometió a ofrecerle toda la ayuda personal y la del Gobierno para que Dorado continúe desarrollándose como hasta el momento.

Por su parte, López Chaar dijo reafirmar su compromiso de trabajo y lealtad con el municipio y anticipó que el tiempo de retirarse de la poltrona municipal se acerca.

Sin entrar en críticas directas a la Administración Romero Barceló, López Chaar dijo que "los pasados ocho años pudimos hacer más, quisimos hacer más,

pero ciertamente no vale la pena hacer un recuento, ni lamentarme de la difícil situación que experimenté durante los pasados ocho años".

"Aprendí a sacar alguna ventaja o provecho de la adversidad. No me dediqué a sacar espinas del camino, sino que me interesé por endurecer el pie para continuar por la senda", señaló el Alcalde con voz entrecortada.

A la actividad asistieron, entre otros: el "Faraón del Verso Negro", Juan Boria, el doctor Rafael Picó, el ex presidente de la Cámara Severo Colberg, el deportista Eugenio Guerra, la juez María Margarita Pérez, quien juramentó a López Chaar, el ex secretario del Departamento de Asuntos al Consumidor Federico Hernández Denton y quien fungió como presidente popular del Comité de Transición, Francisco de Jesús Shuck.

Posteriormente el Gobernador se trasladó a Canóvanas para participar de la Toma de Posesión de Sergio Calzada Betancourt y luego a Ponce a la juramentación de José Dapena Thompson.

Residencial Dorado gana premio federal

Por Héctor Luis Martínez

El residencial "El Doral" de Dorado recibió recientemente el premio "Presidential Award", otorgado por el Departamento de la Vivienda Federal a mejor residencial público de Puerto Rico.

El alcalde de Dorado, Alfonso López Chaar, informó que el municipio de Dorado y los residentes de "El Doral" coordinaron con la Corporación de Renovación Urbana y Vivienda (CRUV) para pintar y arreglar el residencial de 72 apartamentos. Agregó que el premio se otorgó en reconocimiento a los residentes quienes se involucraron en el desarrollo de proyectos que mejoraron la calidad de vida en este residencial público. Indicó que un comité de ciudadanos muy activos gestionaron con la empresa privada la ayuda para el embellecimiento del residencial.

López Chaar expresó que en la actualidad se ofrecen clases de costura en dicho residencial, y anunció que próximamente se creará una pequeña fábrica de ropa en el centro comunal. Agregó que la empresa privada proveerá los materiales necesarios para poner en función la fábrica.

Nancy Zabaleta Rosario, quien vive en el residencial "El Doral" hace un año, manifestó sentirse orgullosa de vivir allí.

"Aquí los vecinos nos reunimos y organizamos con frecuencia proyectos con el fin de mantener lindo el residencial", expresó Zabaleta Rosario.

El residencial "El Doral" cuenta con un plan de ornato y limpieza, dirigido por sus propios residentes.

Vista parcial del Residencial "El Doral" quien recientemente ganó un premio presidencial por su limpieza. En la foto inferior el mural símbolo del residencial doradeño. (Foto Eric Menéndez, TODO-Bayamón).

Viviendas y Propiedades

Nuevo centro de Salud en Dorado

Bajo un candente sol se llevó a cabo la colocación de la Primera Piedra del Nuevo Centro de salud de Dorado. Numeroso público y funcionarios del Gobierno se dieron cita a los actos que estuvieron encabezados por el alcalde de Dorado, Alfonso López Chaar y por el secretario de Salud, doctor Luis Izquierdo Mora. López Chaar dijo que las nuevas facilidades a construirse están contempladas dentro de su plan de desarrollo conocido como Dorado 2,000. En la foto, aparece al centro el Alcalde de Dorado en unión al Secretario de Salud.

Alfonso López Chaar "Papiño" nació el 19 de septiembre de 1939 en Vega Baja, Puerto Rico. A los pocos días, sus padres Alfonso López García y Matilde Chaar Tridas regresaron a su hogar en Dorado de donde habían salido para que doña Matilde diera a luz a su primogénito en la residencia de su madre en el vecino municipio. Papiño, como cariñosamente se le conoce, creció y se crió en Dorado junto a su hermano Paquito en una familia de arraigados valores morales, unida, trabajadora y dedicada al servicio al prójimo.

Papiño asistió a la escuela Jacinto López Martínez en el pueblo y, debido a que no había escuela superior en Dorado, estudio en la José Nevárez Landrón en Toa Baja. Posteriormente, realizó estudios en la Universidad de Puerto Rico recinto de Rio Piedras. Poco después, comenzó como maestro de educación física precisamente en la escuela elemental Jacinto López Martínez. Así, el mismo centro docente donde había recibido el fundamento de su educación, se convirtió en su primera experiencia como servidor público. En su vibrante juventud y con espíritu inquieto, Papiño se dio otras oportunidades tanto en el sector público como en el privado. Trabajó en el capitolio en la oficina de don Ernesto Ramos Antonini, y como cajero en el hotel Dorado Beach, de donde se fue a trabajar también como cajero al Banco Popular de Puerto Rico. Sobresaliendo en el desempeño de sus responsabilidades, pronto fue ascendido a la posición de gerente de la sucursal que el Banco abrió en Dorado, convirtiéndose en el gerente más joven de la institución bancaria.

Muy al tanto del quehacer político y socioeconómico de su querido Dorado, Papiño inconforme con la ineficacia de las administraciones de ese entonces e incapacidad para sacar al pueblo de su estancamiento, decide incursionar en la política activa como candidato a alcalde; resultando electo en las elecciones de 1972. Sus ejecutorias como alcalde y su total entrega al pueblo de Dorado le hicieron recipiente de un abrumador apoyo nunca visto en la historia política del pueblo. La ciudadanía entusiasmada abrazó el cambio positivo y con optimismo, muchos hasta cruzando líneas partidistas, celebraron a Papiño como el líder de visión con la capacidad para llevarlos al futuro Dorado. Con el respaldo sólido de los doradeños, fue reelecto en las elecciones de 1976, 1980 y 1984; cada cuatrienio con una mayoría de votos más amplia que el cuatrienio anterior.

Durante la incumbencia de Papiño como alcalde, Dorado alcanzó logros de excelencia que le colocaron como municipio ejemplo en toda la Isla. El sentido de orgullo Dorado contagió a los ciudadanos en general mientras Papiño continuaba posicionando al municipio como uno vanguardista. Dorado, constantemente recibiendo cobertura positiva de la prensa, vino a ser la vitrina a la cual otros pueblos veían como el ideal para emular en obras, adelantos para la ciudadanía y sana administración.

Los avances fueron notables en todas las áreas: social, educación, salud, infraestructura, economía, vivienda, deportes, arte y cultura, planificación, ornato y paisajismo. Papiño, dicen los doradeños, desarrollo y embelleció a Dorado por dentro y por fuera. Entre sus obras de mayor impacto directo a la gente, se encuentra la apertura del centro de salud para dar servicio las 24 horas al día siete días a la semana, complementado por programa de enfermeras(ros) visitantes, ambulancias equipadas con la tecnología y maquinaria más adelantadas del momento, dispensarios en los barrios y la unidad médico móvil (primera en su clase en Puerto Rico) con un médico generalista y un dentista para llevar los servicios médicos a quienes más urgían aún en los recónditos sectores; dedicando un día a la semana a atender estudiantes.

Entendiendo que el futuro Dorado que construía para su pueblo dependería de la atención y oportunidades que se le brindaran a la juventud, Papiño hizo de la educación y programas relacionados el punto focal de su administración. Logró la construcción y reparación de planteles y comedores escolares y se aseguró que las rutas de servicio gratuito de guaguas sirvieran a todos los estudiantes que lo necesitaban. Habilitó bibliotecas con énfasis en erradicar analfabetismo y promover iniciativas de lectura. En adición, incorporó clases para preparar a las personas que no tenían cuarto año y se le transportaba al departamento de educación a tomar los exámenes. También, implementó programas para después de las clases ('after school'), entre ellos clases de pintura, clínicas de pelota, baloncesto y natación. Precisamente, estos programas impulsaron y/o fueron reforzados por el surgimiento de quienes vinieron a ser estrellas de las grandes ligas: Edgard Martínez, Ónix Concepción, Orlando y Chico Lind, Carmelo Martínez, los hermanos Molina, entre otros reconocidos deportistas doradeños.

Como iniciativas de capacitación laboral, el alcalde llevó a los sectores rurales clases de costura, repostería, floristería, teatro, pintura y baile. Junto con su pueblo, Papiño celebró la historia y defendió las tradiciones culturales y costumbres que desde su fundación han definido la idiosincrasia de la familia doradeña, siendo algunas: ferias de artesanía, fiestas patronales, fiestas de cruz, carnavales, festivales, torneos de pequeñas ligas, béisbol AA, celebración de la navidad y el día de reyes.

Papiño también se aseguró que los empleados municipales recibieran educación continua de manera que redundara en su productividad y directamente en el mejoramiento de los servicios brindados a los ciudadanos. Por once años consecutivos Dorado fue declarada ciudad más limpia de Puerto Rico; inspirando a otros alcaldes a emular proyectos e iniciativas que estimularan el bienestar de todos, tanto emocional como social. No obstante, al preguntársele a Papiño en una ocasión sobre su mayor satisfacción en el cargo, respondió: "Ciertamente, muchas son las memorias gratas que tengo de mi gestión como alcalde. Mirando retrospectivamente, recreo todo lo que hicimos y sí, fue extraordinario lo que logramos. Me invade la emoción al comparar la gran diferencia entre el Dorado de 1973 con el radiante Dorado de 1987 cuando concluí me mandato como alcalde. Nada podría compararse con la satisfacción que tuve de ver renacer el alma de mi pueblo; un Dorado esperanzado, optimista, y dispuesto a avanzar hacia el futuro brillante por el cual luchamos. Restándole importancia a las viciadas líneas partidistas, el pueblo trabajó conmigo mano a mano. Juntos soñamos; crecimos; construimos; desarrollamos sentido de pertenencia. Juntos logramos un Dorado de esperanza...de vanguardia; un Dorado forjado por su gente para beneficio de todos. Dorado, orgullo nuestro".

El sobresaliente desempeño del alcalde fue reconocido tanto por el sector público como el privado. En el 1977 Papiño fue declarado joven más destacado en el gobierno por la Cámara de Comercio de Puerto Rico. Luego de repetidos esfuerzos para persuadir a Papiño a que se uniera a su gabinete, en el 1987 el gobernador Rafael Hernández Colón le reiteró su deseo de tenerlo en su equipo principal de trabajo en una época crucial para su administración. Finalmente convenciéndolo lo nombró su asesor para asuntos municipales. Las extraordinarias habilidades demostradas por Papiño en el cargo asignado en La Fortaleza, llevaron al gobernador Hernández Colón a designarlo Secretario de Estado de Puerto Rico; su segundo en mando en la administración del País y quien le sustituía en sus ausencias.

En el 1988 Papiño se retira del servicio público y decide regresar a la empresa privada. Sin embargo, poco tiempo después, el servidor público latente en él lo movió a regresar a trabajar para la gente. En elección interna de su partido en el 1991, Papiño fue electo representante por acumulación y luego reelecto en el 1992. En la Cámara de Representantes ocupó la poderosa Comisión de Desarrollo Económico y Planificación y cuando su partido pasó a ser minoría, fue electo por sus compañeros como Portavoz.

Papiño fue presidente del Club de Leones, presidente de la Cooperativa de Gasolina de Dorado y vicepresidente de la Asociación de Alcaldes de Puerto Rico. También fue Copresidente del Partido Demócrata de Estados Unidos en Puerto Rico.

En la actualidad, Papiño disfruta de su retiro junto a su esposa Ricki. Dividen su tiempo entre las hermosas costas de Puerto Rico y Florida.

Printed in the United States
By Bookmasters